KB002548

벼랑끝에서 벼락같은 용기로

떠났다, 그리고 다시

조영문 걷고 쓰다

벼랑끝에서 벼락같은 용기로

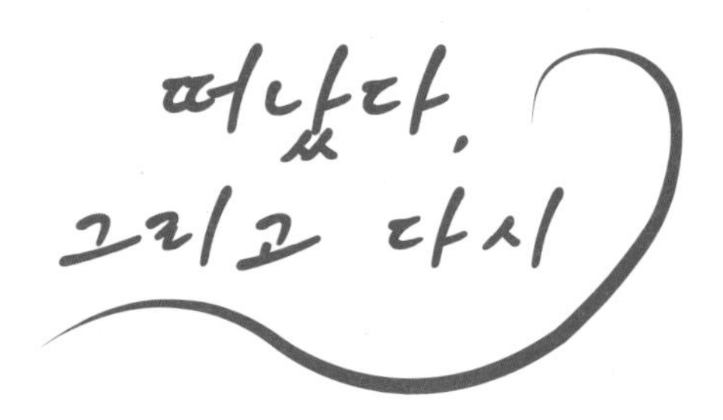

미래문화사

prologue

65일간의 트레킹, 800km 너머에 있는 삶의 이정표를 찾아서

“의학과 법률, 경제, 기술은 우리가 추구해야 할 고귀한 것들이고 삶을 유지하는 데 필요하지. 하지만 시와 아름다움, 낭만, 사랑은 우리가 살아가는 목적이란다. 휘트만 시를 인용하자면 ‘오, 나여! 오, 삶이여! 수없이 던지는 이 의문! 믿음 없는 자들의 끝없는 행렬, 어리석은 자들로 가득 찬 도시, 이것들 속에서 어떤 의미를 찾을 수 있을까? 오, 나여! 오, 삶이여! 대답은 바로 이것. 네가 여기 있다는 것, 삶이 존재하고 자신이 존재한다는 것, 화려한 연극은 계속되고 너 또한 한 편의 시가 된다는 것, 너의 시는 어떤 것이 될까?”

영화 《죽은 시인의 사회Dead Poets Society》에 등장하는 주인공의 대사다. 청소년 시절 이 영화를 봤을 때 영화의 주인공이 궁금해 한 것처럼 나는 어떤 삶을 살아가게 될지 궁금했다. 뜨겁고 낭만적인 사

랑을 하거나 꿈에 대한 열정으로 가득 차 있거나 자유로운 영혼에서 흘러나오는 빛으로 주변 사람과 세상을 물들이는 자기정체성을 지닌 사람이 될 줄 알았다.

스물아홉이 되어 돌아보니 삶의 방향에 영감을 주었던 명대사는 이제 세계 최대 IT 기업의 광고로 인용되고 있는 반면에, 정작 내 자신은 그것과는 점점 멀어지고 있었다. 생각해 보면 이미 중 · 고등학교 시절부터 사회가 정해놓은 기준에 맞추어 더 좋은 학교, 더 좋은 직장에 가기 위해 열중했었다. 심각한 취업난 속에서 쫓기듯이 대기업 계열사에 입사하였으나 삼십 대를 바라보면서 어느 사이 나의 꿈은 길을 잃고 사람과 더불어 진정한 사랑의 소중함은 엷어졌으며 삶의 열정이 식어가고 있음을 느꼈다.

그때 즈음, 좋아하던 사촌 형을 불의의 사고로 갑작스럽게 떠나보내며 겉으로 보이는 성공보다 더 중요한 삶의 가치들을 정립해야겠다고 결심했다. 용기를 내어 스웨덴 북부에 유럽의 마지막 야생이자 '왕의 길'이라고 불리는 쿵스레덴에 혼자 발을 디뎠고 그곳에서 65일 동안 800km를 걸으며 내 자신만의 삶의 이정표를 찾아 나아갔다. 하루하루 벌어지는 크고 작은 일들을 해결하고 쿵스레덴에 적응해 가면서 추구해야 할 삶의 가치들을 깨달았다. 종주 후 쿵스레덴이 품은 솔직함과 자신감, 생명력과 의연함, 자유로움을 내 안에 담으며 자신의 삶을 호령하는 왕의 자세가 무엇인가를 배울 수 있었다.

1장에서 5장까지는 쿵스레덴을 향해 떠나는 과정과 그곳에서 겪었던 일들을 시간의 흐름대로 풀어나갔고, 그 다음에는 쿵스레덴에서 만난 동료들이 보내온 편지를 가감 없이 옮겼으며, 마지막으로 쿵스레덴을 걷는 데 필요한 장비들과 코스 정보를 정리하였다.

쿵스레덴을 걸은 800km의 이야기가 당신의 가슴에 닿아 더 나은 삶을 살아가는 데 도움이 되기를 바란다.

조영문

추천사 하나

진정한 나를 찾아가는 길, 그 길에 선 한 청년의 순례기

처음 그를 만났을 때 부드럽게 미소 지으며 말하는 모습이나 상대의 말을 경청하는 모습에서 상당히 신중하면서도 안정적인 성품을 지닌 사람이라는 느낌을 받았다. 그런데 어느 날 쿵스레덴을 걷고 돌아왔다는 이야기를 듣고는 무척이나 의아했다. 전문적으로 걷기에 경험이 많은 사람도 아니었고, 그렇게 수백 킬로미터의 장거리 트레킹은 처음이었다는 이야기를 들었을 때 더욱 그러했다.

스물아홉이라는 나이. 단순히 서른이 되기 전 나이가 아니라 이제는 진짜 자신을 찾아야 할 나이라고 그는 깊이 고뇌했다. 안정적인 직장을 버리고 찾아 떠난 왕의 길.

그렇게 스스로 고난의 길을 선택한 저자의 모습에서 안정적인 대기업을 버리고 여행자의 길로 들어선 무모했던 나의 서른 살과 오버랩이 되면서 든든한 동지를 얻은 느낌이 들어서 한편으로는 반갑기도 했다. 하지만 단순한 나의 배낭여행과 수백 킬로미터가 넘는 걷기는 분명 다른 결을 가진 여행이기에 나는 그의 걷기 여정이 점점 궁금해졌다. 그는 무얼 찾은 걸까. 무얼 느끼고 무슨 생각을 하고, 어떤 삶의 이야기와 풍경들을 담아 왔을까.

트레킹에 대한 경험도 없이 어쩌면 무모한 용기와 미래에 대한 비전 하나만으로 그는 왕의 길을 선택했고, 적당히 걸으라는 주변 사람의 말에도 굴하지 않고 정말 왕처럼 담대하게 걸었다. 왕의 길을 걷는다는 건 쿵스레덴이라는 물리적인 공간 속을 찾아가는 길이지만 실은 내 속에 잠재된 왕의 자아를 찾아내는 것, 결국 스스로가 위대한 왕처럼 인생길을 걸을 수 있다는 것을 드러내는 게 아닐까. 그렇다. 우리가 걸어가는 삶의 길은 한 번뿐인 길이다. 이 길을 어떻게 걸어야 할지 늘 삶은 우리에게 질문하고 회의하게 하며 숙제를 던진다.

현실적으로 불가능이라 해도 과언이 아닐 그 첫 번째 긴 트레킹을 그는 스스로에 대한 회의감과 외적 · 내적 두려움을 이기며 하나하나 극복해 나간다. 이미 어느 정도 경지에 오른 트레커의 수기는 우리에게서 압도적인 존경의 마음을 가져가거나 왠지 모를 거리감이 느껴질 수 있다. 하지만 그의 이야기는 마치 친구가 곁에서 들려주는 이야기처럼 가슴 설레고 함께 절망하고 함께 희망하는 여정으로 다가온다. 그의 여정을 따라가며 나는 같이 발이 아팠고, 트레킹의 계기가 된 사촌형의 이야기에 함께 울었다. 뒤에 오고 있는 누군가를 위해 '마지막 땅콩을 까면서' 남긴 메시지는 사소하지만 진중한 울림을 내게 던졌다. 그의 다채로운 이야기들과 사진 속 쿵스레덴의 신비로운 풍경들을 보면서 내 마음 속에서도 울림이 퍼져 나왔다.

위대한 왕처럼 걸어라. 인생이라는 길에서 절망이나 역경에 굴하지 말고 한 발 한 발 위대한 왕의 눈으로 통찰하며 위대한 왕의 심장으로 인생을 살아라. 그리고 보석처럼 빛나는 인생의 교훈과 길 위의 친구들을 얻어라. 그는 월리 아모스의 말처럼 많은 이들이 불가능하다고 했을지라도 왕의 길을 샅샅이 걸으며 개척자로서 당당히 그의 첫 번째 트레킹을 완주해 냈다. 나는 몹시도 그의 길을 따라가고 싶어졌다. 언젠가 그처럼 쿵스레덴을 당당하게 걸어보고 싶다. 그리고 쿵스레덴의 신비로운 풍경 속에서 그처럼 심장이 뛰는 내 삶을 느껴

보고 싶다. 또한 그 길에서 타인과의 상대적인 속도가 아니라 내 인생의 절대 속도를 다시 점검해 보고 싶다. 나 또한 아직도 발견하지 못한 내 속에 위대한 왕을 찾아낼 수 있으리라 믿으며 말이다.

이 책을 집어 드는 독자 또한 분명 위대한 왕의 길을 찾고자 하는 커다란 울림이 저 가슴 깊숙한 곳에서 들려올 것이다. 아름다우면서도 깊이 있는 이야기뿐만 아니라 쿵스레덴을 실제로 걷고자 하는 이들을 위해 실용정보까지 이 살가운 저자는 잘 챙겨놓았다. 그는 우리에게 이렇게 말한다. 쿵스레덴처럼 삶이란 혼자 걸어야 하는 길이기도 하지만 우리는 누구나 왕처럼 당당히 자신의 길을 걸어야 한다고. 더 나아가 사르트르의 말처럼 '스스로 그의 본질을 창조해 내는' 위대한 왕으로 살아야 한다고.

백상현 (여행작가, 소도시 여행자 & 싹 여행연구소 소장)

● 추천사 둘

여행을 떠나며 반드시 챙겨야 할 것은 …

늘 여행을 즐기고 권하는 여행자로 살고 있지만, 아직까지도 가장 어려운 일 중 하나가 바로 여행 가방을 싸는 것이다. 뭘 가져가고 뭘 두고 가야할지 며칠은 고민하곤 한다. 정해진 용량의 배낭에 가장 최적의 무게로 짐을 싸야 하는 트레킹의 경우는 더하지 않을까? 내가 짊어질 수 있는 무게는 정해져 있으니 더 가져갈 수도, 그렇다고 너무 덜 가져갈 수도 없는 노릇이다.

트레킹은 어쩌면 우리 인생의 고민들을 가장 잘 보여주고 있을지도 모르겠다. 원하는 대로 모두 가져가려 한다면 내 몸이 축나 이내 주저 앉게 될 것이고, 결국 중간에 덜어내야만 할 것이다. 그렇다고 내 몸을 가볍게 하자니 세상 살이에 필요한 것들은 너무나도 많다. 처음부터 다 챙길 수는 없다. 걷다 보면 필요한 것들은 무수히 생길 테고, 그럴 때 채워 넣을 수 있는 빈 공간만 있어주면 되는 거다.

우리가 여행을 떠나며 반드시 챙겨야 할 것은 아마 빈 공간, 새로운 것을 담을 수 있는 여유가 아닐까. SSAC여행연구소를 통해 인연을 만든 조영문. 그가 트레킹을 떠나겠다 했을 때 내심 어떤 여행일지 기대가 됐다. 저자가 쿵스레덴을 돌며 배낭에 담아 온 것들을 하나하나 함께 확인해보자.

손미나 (작가, 인생학교 교장)

쿵스레덴

contents

2. 북부 쿵스레덴 180km 지점

3. 북부 쿵스레덴 450km 지점

4. 남부 쿵스레덴 175km 지점

5. 남부 쿵스레덴 350km 지점

쿵스레덴에서 만난 동료들이 보내온 편지

쿵스레덴 트레킹에 필요한 정보

E12
1135
Storkittelhobben
Mohtserenjuenie
Öbrjelnjuenie
1305
Förbjudet område för terrängtrafik
466
BJÖRKFORS
Maisorliden
Stormyren
Hemavan
Bierke
Gájnaberget
454
Hemavans flygplats
557
L. Murtsertoppen
1223
Gielestjåhke
1190
459
KROKFORS
Portbron
Krokfors
Skorvfjället
Giereyaartoe
668
639
Umeälven
Laisaliden
844
Fiskløstj
VÄSTANSJÖ
Västansjö
Västansjön
Laisholm
463
Gammstallnäset
Bygget
456
VÄSTANSJÖ
LAISHOLM
Storh.
Snebäcken
VÄSTANSJÖ
Ängesh.
Baahtsevaartoe
Mosekälla
595
Rovattsliden
Gaskeaesle
665
Skorvliden
571
LAXNÄS
641
550
559
Formliden
ÄNGESDAL
Jårmleaepre
654
Blomstervallen

01
쿵스레덴
왕의 길을 향하여

떠나자

어릴 적 내 방에는 우리나라 지도와 세계 지도가 붙어 있었고 불을 끄고 잠자리에 누우면 천장에는 별과 우주 행성의 야광 스티커가 빛나고 있었다. 아마도 넓은 세상을 향한 큰 비전을 갖고 살라는 부모님의 뜻이 담긴 무언의 환경 구성이었으리라 생각한다. 반만년 역사를 간직하고 있음에도 불구하고 세계 지도 속 분단된 작은 한국을 보고, 뭐라고 말로 표현할 수 없는 안타까운 마음이 들기도 했다.

초등학교에 다닐 때 학교에서 미래의 꿈을 적어오라는 과제가 있었다. 필독서인 우리나라 위인전을 읽으며 어쭙잖게 애국하는 길이 무엇일까 생각해 보곤 했던 기억이 있는데 가족들과 함께한 몇 번의 해외여행을 통해 세계 여러 나라에 관심을 갖고 있었고, 리더십과 사교성이 있다고 인정받고 있던 것도 적지 않은 영향을 끼친 덕에 부모님과 상의를 거쳐 외교관이라고 적어 냈다.

그렇게 아무 의심과 고민 없이 외교관이 되기 위한 청소년 시절을 보내고 대학교 재학 시절 외무고시도 치러 보았으나 직업으로서의 외교관에 대해 회의가 들기 시작했다. 그리고 내린 결정은 외교관은 더 이상 내가 원하는 길이 아니라는 것이었다. 대학을 졸업할 때가 되자 떠밀리듯 취업 준비를 하게 되었다.

극심한 취업난 속, 나 또한 수많은 취업준비생들 틈에서 끼어 수많은 회사에 입사 지원서를 냈다. 그리고 운이 좋았던 것인지 어렵사리 대기업 계열사의 재경팀에 입사하였다. 하지만 합격의 기쁨은 잠시였다. 좋은 직장, 원하던 부서에 입사했다고 만족해하는 사람들도 있었지만 내게는 사회가 정한 기준에 맞추어 시작한 경제활동에 불과했다.

직업에 자기 삶의 의미를 부여하지 못하면 모든 일에 의욕이 없는 무기력한 상태가 되거나 오히려 그 공백을 채우려고 의욕과잉 상태에 빠지게 될 수도 있다. 나는 후자에 속했고 돌이켜 보면 '숨이나 제대로 쉬었나?' 하는 생각이 들 정도로 자진해서 회사 생활에 전력을 다했다. 회사와 팀 사람들은 적극적이고, 열정적이며 패기 있는 신입사원이 입사했다고 긍정적으로 평가해 주었으나 한편으로는 어떤 일이든 시키면 군말 없이 열심히 하니 부리기 좋은 신입사원으로 여겼을 수도 있다.

회사 생활의 유일한 낙은 월급이 통장에 차곡차곡 쌓여 가는 것이었고, 그렇게 점차 물질적인 삶의 유혹에 휩쓸리기도 했다. 사업을 시작해볼까? 주식을 공부해서 떼돈을 벌어볼까? 직장인이라면 누구나 가져볼 만한 생각이지만 내게는 그 시기가 유독 빨리 찾아왔다. 사실 이러한 생각은 상상만으로 끝나지 않았다. 진심으로 사업을 해보고자 창업에 관한 책을 십여 권 넘게 읽어보기도 했고, 매일 사업 아이템을 만들어 내려고 애를 쓰기도 했다.

마음속으로 생각했던 사업 아이템을 얼마 후에 누군가가 실제로 만들어 낸 것을 보았을 때는 크게 놀라는 동시에 '정말 사업을 한번 해볼까?' 하며 진지하게 고민도 했다. 간단하게 소개하자면, 그때 누군가가 실현했던 아이템은 특별한 여행 후기와 일정을 공모하여 수상자를 정하고 실제 여행상품으로 만들어 내어 수익을 분배하는 사업이었다. 사업을 권장하는 책들은 이제 1인 기업의 시대가 열렸으며 적은 자본으로도 창업할 수 있고 좋은 아이디어만 있으면 해볼 만하다는 유혹의 손길을 뻗쳐왔다. 여행이나 데이트 코스를 만들어주는 아이템으로 온라인 카페를 만들어서 시작해 보려고 했으나 단순히 회사원이라는 처지에서 빠져나가기 위해 사업의 길을 선택하기에는 결코 만만한 길이 아니었다.

주식은 사업만큼이나 직장인에게 빠질 수 없는 불확실하지만 유혹적인 투자처임에 틀림없다. 재경팀에서 근무했기 때문에 경제와 금융 소식에 밝았고, 투자사나 은행 같은 금융사 직원들과의 교류로 인하여 취업 후 금세 주식을 배울 수 있었다. 주식을 하면서 로또 복권만큼이나 한 몫 단단히 챙기려는 꿈을 가지지 않은 사람은 없을 것이다. 하지만 복권 당첨확률만큼이나 큰 이득을 본 사람은 주위에서 거의 찾기 힘들었다.

아서 밀러는 《세일즈맨의 죽음》이라는 희곡을 통해 물질주의적 가치관 하에 개인과 사회의 변화를 받아들이지 못하는 한 남자의 모습을 보여준 바 있었다. 주인공인 윌리는 36년간 세일즈맨으로서 치열한 경쟁 속에 살아왔으나 회사의 부속품으로 전락하여 결국 해고를 당하게 된다.

이처럼 물질적 성공만을 목표로 삶을 이끌어 나간 또 다른 윌리처럼 사회생활을 무감각하게 받아들이고 있을 무렵 사촌 형의 갑작스러운 사망 소식이 들려왔다. 가족처럼 지냈던 사촌 형이 사고로 죽음에 이르렀다는 믿지 못할 이야기였다. 사촌 형과 나는 종종 술잔을 기울이며 세상사와 서로의 삶에 대한 이야기를 나누는 돈독한 사이였다.

사촌 형과 내가 공통적으로 생각했던 이상적인 삶이란 '자신의 재능으로 사회를 이롭게 만들 수 있는 꿈과 직업이 있고, 사랑하는 사람들과 더 많은 시간을 함께 보낼 수 있는 여유로움을 누리는 것'이었다. 그러나 내 현실은 이상적인 삶에서 점점 벗어나 물질과 세상사에 초점을 두고 있었다.

사회 초년생이 집 하나를 장만하기 위해 필요한 시간이 10년 이상이라는 이야기, 주식이나 사업으로 성공한 사람들의 이야기, 태생부터 금수저인 사람들의 이야기, 조기 교육과 조기 유학에 필요한 금전적 문제의 이야기, 두 배나 인상되는 담뱃값 이야기 등등.

우리의 대화는 삶의 본질에 대한 소리 없는 아우성에 불과했지만 멈출 줄 몰랐다. 그런데 어느 날 사촌 형에게 갑자기 찾아온 죽음. 사촌 형은 더 이상의 대화가 무의미하다는 듯이 귀를 닫고 눈을 감고 숨을 멈춘 채 차가운 관 속에 누워 있었다. 나는 이제 삶에 대해 다시 한 번 진지하게 고민해 보아야 했다.

'과연 우리가 나누었던 대화는
죽음 앞에서도 유의미한 것들일까?'

'내 삶의 방향은 현재 어디로 향하고 있는가?'

'어떻게 이상적인 삶을 이끌어 갈 것인가?'

한 번에 풀리지 않는 의문들을 가슴에 담은 채 3개월의 시간이 지나 해가 바뀌었다. 평소와 같은 출근길, 엘리베이터 앞에서 버튼을 누르고 기다리는데, 그날따라 은색 엘리베이터 문에 비춰진 내 모습이 선명하게 눈에 들어왔다. 셔츠 깃은 빳빳하게 서 있었고 넥타이는 셔츠와 세련되게 컬러 매치가 잘 되어 있었다. 정장은 몸에 딱 맞도록 선을 그으며 발목으로 떨어졌고 신고 있는 검정구두는 광택이 나고 있었다. 왁스를 발라 단정하게 빗어 넘긴 머리카락, 비비크림을 적당히 발라 깔끔해 보이는 피부 톤, 그리고 가슴 왼편에는 자랑스러워해야 할 회사 배지가 달려 있었다.

모든 것이 멋스럽게 뽐내는 가운데 유독 어울리지 않는 것이 하나 있었다. 바로 눈빛이었다. 정장도 구두도 모두 빛을 내는데 눈동자는 빛을 잃은 채 생기 없이 방황하고 있었다. 김소연의 《마음사전》이라는 책의 한 구절이 떠올랐다.

'눈빛은 속일 수도 없고 속아지지도 않는 어떤 것'이라고, '눈빛은 품성 그 자체이며 아무리 잘 차려 입은 사람도 눈빛이 불안하면 멋지지 않고, 추레하기 짝이 없는 사람도 눈빛이 살아 있으면 멋져 보인다'는 것, 눈빛은 자기 내면의 거울이 될 수 있음을 이야기했던 내용이었다. 나의 내면의 거울은 외모와 달리 가슴에는 열정과 꿈, 용기 그리고 뜨거운 사랑이 희미해졌음을 보여주었다.

그동안 추구했던 물질적이고 외형적인 가치들이 삶의 이정표가 되기에는 역부족임을 알았으니 부족함을 채워 줄 진정한 삶의 가치들을 찾아 나서야 했다. 무엇을 어떻게 찾아 나서야 할지 정확히는 모르지만 이러한 삶의 가치들을 찾았을 때 앞으로 더 큰 변화가 닥쳐올 삼십 대를 비롯해 남은 삶을 잘 헤쳐 나갈 수 있을 거라고 생각했다.

'더 이상 숙제를 미룰 수 없다!'

마라톤과 같은 인생을 무사히 완주하기 위해 용기를 내어 회사를 과감히 그만두고 떠나기로 결심했다.

29살,
벼랑 끝의 벼락같은 용기

퇴사를 할 때 사람들에게 많은 질문을 받았다. 하필 지금 왜 회사를 그만두느냐, 다시 말해 서른이 되기 직전인 스물아홉에 그러한 중대한 결정을 했느냐는 질문이 대부분이었다. 우리나라에서 아홉수는 전통적으로 불행이 닥치는 시기로 여기고 있기에 나의 아홉은 삶에 어떠한 의미가 있었는지 되짚어 보았다.

아홉 살, 그때는 학급 반장이자 점심시간에는 축구 최전방 공격수로 활약하며 신나게 학교생활을 하던 때였다. 또 한 해가 지나도 나 자신의 변화보다 새로운 학년이 되어 만나는 친구들과 담임선생님이 더 신경 쓰이는 나이였다. 위기철의 《아홉 살 인생》에서 '현실에 만족한 사람은 인생에 대해 아무런 질문도 던지지 않는다. 아쉬운 게 없으니까'라고 말한 것처럼 아무 생각 없이 즐거웠고 부모, 형제, 친구, 선생님께 칭찬 받고 싶어 하는 아이였을 뿐이었다.

중 · 고등학교 청소년기에 가장 많이 들었던 단어는 '공부'이고 그 시절이라면 누구나 그렇듯 학생이 직업이고 공부가 일과도 같았던 시기였다. 중학교 2학년쯤이 되면 사춘기를 겪으면서 공부가 인생의 전부가 아니라는 반항을 해보지만, 공허한 울림으로 묻혀버리기 십상이다. 사실 나는 이미 외교관이라는 꿈을 갖고 있었기 때문에 굳이 반항하지 않고 학업에 열중했지만, 공부를 해야 할 이유를 찾지 못했던 친구들도 학생이라면 당연히 공부해야 한다는 생각으로 성적을 올리기 위해 문제집을 풀고 있었다.

열아홉, 고등학교 3학년이 되면 공부가 의무인 그 시기가 절정으로 치닫고 대학수능시험을 준비하기 위한 숨막히는 분투가 시작된다. 학급 분위기는 점점 삭막해지고 개인의 긴장감과 스트레스는 최고조에 달한다. 이제는 어설픈 반항을 하거나 소음을 만드는 사람이 주변의 눈치를 봐야 하는 때가 된 것이다.

가족들도 이때만큼은 고3 자녀에게 공부하는 분위기를 최대한 맞춰주며 물심양면으로 지원하려고 노력한다. 그래서 고3 학생보다 힘든 게 고3 엄마라는 말도 있지 않은가. 십대의 공부 스트레스가 스노볼이 되어 가장 큰 압박감으로 다가오는 열아홉은 그 자체로도 의미가 크지만 다음 해인 스무 살을 바라볼 때 더욱 부각되는 시점이기도 하다.

스무 살은 법적으로 성인의 나이이자 많은 행동제약으로부터 해방된다. 눈치 보며 몰래 술과 담배를 구할 필요도 없고 더 이상 공부를 구실로 누군가가 억압하거나 강요하지도 않는다. 공부의 족쇄에서 벗어난 해방감 때문인지는 모르지만 놀랍게도 대학생들의 최저 학점은 1학년 때 기록하는 경우가 많다. 스무 살이 되면 차를 몰고 다니는 친구들도 보이고, 교복이라는 일관된 패션에서 벗어나 자신의 개성을 뽐내며 원하는 동아리에 가입해 다양한 활동을 하고 연애를 하는 것도 자유롭다.

아르바이트도 술집이든 과외든 다양하게 구할 수 있고 자취방 계약도 자기 손으로 직접 할 수 있다. 성인에게 해당되는 책임도 있지만 범죄에 속하는 행동이 아니라면 크게 유념하지 않는다. 이렇게 매혹적인 젊음과 자유가 눈앞에 있기 때문에 열아홉은 감옥에 갇힌 듯 답답하지만 희망을 갖고 견뎌낼 수 있는 게 아닐까.

이십 대는 성인의 신분과 함께 자유를 느끼며 시작하지만 스물아홉의 전반을 돌아보면 인생의 파도가 밀어닥치는 시기이다. 왜냐하면 대학을 졸업한 후 취업을 하고, 빠르면 결혼을 해서 가정을 이뤄서 아이까지도 갖게 될 수 있는 시기이기 때문이다. 남자라면 그 사이에 군대도 다녀왔을 것이다. 이처럼 삶의 주요한 변화가 이십 대에 가득 일어나지만 삶의 주도권이 자신의 손에 넘어왔다는 사실은 쉽게 깨닫지 못한다.

이십 대에게 사회적 자유와 책임보다 더 큰 의미를 갖는 것은 자신의 삶에 대한 자유와 책임인데 말이다. 학창시절부터 누군가가 만들어 놓은 선로에 올라타서 이끌려 왔기 때문에 이미 정해진 그 길을 따라 걷는 데 시간과 자유를 소비하게 된다. 불완전한 자유를 향유하며 보이지 않는 사회의 속박에 매여 시간을 보내다 보면 어느 틈에 스물아홉을 맞이한다.

취업 준비를 하거나 이미 사회생활을 하고 있는 스물아홉에게 열아홉의 행복한 기대와 갈망은 거의 보이지 않는다. 다음 해인 서른은 자유보다 책임이 앞선다는 것을 알게 되면서 남자라면 번듯한 직장을 다녀야 하고, 여자라면 결혼을 준비해야 한다는 압박감이 생기기 때문이다.

열정과 패기, 젊음을 내세울 수 있으나 이십 대 앞에서 소리쳐 보기에는 낯간지럽고, 사회 속에서는 그보다 끈기와 인내가 더 유용한 가치임을 알게 된다. 뒤돌아보면 무엇이든 원하는 대로 할 수 있을 것만 같은 청춘에 도전하지 못한 것에 대해서 후회감도 생긴다.

가수 김광석의 노래 '서른 즈음에'에서도 서른에 대해 '머물러 있는 청춘인 줄 알았는데 비어가는 내 가슴속엔 더 아무것도 찾을 수 없네'라며 지나가는 청춘과 헛헛한 삶에 대해서 이야기했다. 이러한 정서 속에서 나의 경우에는 서른보다 더 멀리 인생을 바라보니 언제까지 이어질지 모르는 길고 어두운 터널이 눈앞에 펼쳐지고 스무 살의 벼랑 끝에서 선택의 여지없이 가질 수밖에 없는 것이 있었다. 바로 용기였다.

하야마 아마리의 《스물아홉 생일, 1년 후 죽기로 결심했다》가 '제1회 일본감동대상'에서 대상을 수상하고 베스트셀러로 자리 잡은 이유는 스물아홉에 자신에게 1년의 시한부 인생을 선고하고 변화에 도전했던 용기를 인정받았기 때문이다.

스물아홉에 삶을 성찰하고 변화시키려는 이유는 자아심리학의 대가인 에릭슨의 성격발달단계 모델에 비춰 볼 때도 이해할 수 있다. 그의 이론에 따르면 청소년기는 자아정체감을 형성하는 시기이고 이십 대는 성인기에 속해서 타인과의 관계형성에 집중하는 시기이다. 청소년기에 정체감을 확립하지 못한 사람은 자신의 삶에 자신감을 갖지 못하여 타인과의 관계에서 친밀감을 형성하지 못하고 고립하게 될 수 있다고 한다.

나 역시 자아 정체감을 제대로 형성하지 못한 채 스물아홉에 도달했다. 이러한 위기의식에 놓인 사람이 할 수 있는 일은 궁지에 몰린 쥐가 고양이를 물어뜯듯이 무언가에 도전할 수 있는 용기를 갖는 것이다. 우리 삶에 스물아홉은 누구든 용기를 낼 수 있고, 낼 수밖에 없는 나이이기도 하다. 나에게도 벼락같은 용기가 생겼으니 말이다. 브레이브Brave 영문, 크레이지Crazy 영문. 쿵스레덴에서 길을 걸으며 만난 동료들은 나를 그렇게 불러 주었다.

트레킹
해보지 않은 사람의 준비

열 살 때 필리핀으로 처음 여행을 다녀온 후부터 해외여행을 좋아하게 되었다. 아마존이나 사막을 찾아갈 정도로 다양한 문화와 환경을 경험한다는 것은 즐거운 일이었고, 특히 여행을 하고 돌아오면 나 자신과 세상을 향한 눈이 변한다는 것을 느낄 수 있었다. 여행은 내게 말 없는 스승이나 마찬가지였다. 여행이 고민하던 문제의 열쇠가 될 수 있다고 생각하던 중에 《와일드Wild》라는 영화가 떠올랐다.

《와일드》는 미국의 PCTPacific Crest Trail라는 수 천km의 장거리 트레킹을 했던 셰릴 스트레이드의 실화를 다룬 영화다. 주인공 셰릴은 엄마의 죽음 이후 마약 중독에 외도까지 일삼으며 자신의 삶을 파괴해가고 있었는데, 어느 날 엄마가 자랑스러워했던 딸로 돌아가기 위해 '악마의 코스'라고 불리는 PCT를 걷기로 결심한다. 거친 자연 속에서 온갖 육체적 피로와 고통, 외로움, 두려움 등을 극복하고 목적지에 도착하면서 새로운 삶을 살아갈 수 있는 힘을 얻게 된다는 내용을 담고 있다.

수개월의 시간을 자연 속에서 걸으며 삶을 극적으로 변화시켰던 그녀와 '네 자신의 최고의 모습을 찾고 그 모습을 찾으면 끝까지 지켜내라'는 엄마의 대사가 강한 동기를 부여해주었다. 시간이 지날수록 트레킹에 대한 기대와 설렘은 점점 커졌고 마침내 트레킹을 하기로 결심하게 되었다.

전 세계에는 수많은 트레킹 코스가 있으므로 나에게 맞는 코스를 정하는 데 세 가지 기준을 세웠다.

첫째, 한 달 이상 그리고 석 달 안에 종주할 수 있는 코스를 원했다. 대부분의 국가가 비자면제로 체류할 수 있는 시간이 최대 90일 이기 때문이었다. 비자까지 준비해서 3개월 이상 다녀오기에는 시간도 오래 걸리고 초보자가 가기에는 적절하지 않았다.

둘째, 혼자 있는 시간을 갖고 싶었기 때문에 사람은 적고 자연 속에서 캠핑을 하며 걸을 수 있는 길이어야 했다.

셋째, 즉시 걸을 수 있는 여건이 되어야 했는데 이는 트레킹에 따라 퍼밋Permit이라는 입장권을 발급해서 인원을 제한하기도 하고 시기나 기후에 따라 제한되는 곳도 있기 때문이었다.

영화 《와일드》로 유명해진 미국의 PCT, '걷는 자들의 꿈'이라고 불리는 미국의 존 뮤어 트레일, 유럽 최초 문화의 길로 선정된 스페인의 산티아고 순례길, 세계에서 가장 아름다운 트레킹으로 뽑히는 뉴질랜드의 밀포드 사운드 트레킹 등을 리스트에 올렸다. 하지만 이 중에 세 개의 기준을 모두 충족하는 코스는 없었다. 그런데 사이키 마사키의 《세계 10대 트레일 걷기 여행》이라는 책을 통해 쿵스레덴이라는 스웨덴 북부에 450km 정도 되는 트레킹 코스가 있다는 것을 알게 되었다. 내가 세운 세 개의 기준에 부합하는 최적의 장소였다. 게다가 이름조차 매력적이었다.

쿵스레덴은 영어로 'King's Trail'로 '왕의 길'이라는 뜻이다. 듣기만 해도 길의 장엄함과 광활함이 느껴지고 길을 걸으면 당당한 왕의 태도를 지닐 것 같은 기분이 들었다.

유명한 트레킹 코스들을 제쳐두고 찾아낸 만큼 쿵스레덴은 한국인에게 잘 알려지지 않은 곳이다. 쿵스레덴에 대한 정보를 찾기 시작했을 때 눈에 띄는 것은 '피엘라벤 클래식'이라는 트레킹 대회였다. 쿵스레덴의 북부 일부 구간을 활용한 이 대회는 8월초에 열리고, 5일 동안 110km를 걷는 것으로 전 세계 30여 국가에서 2천여 명의 사람들이 참가하는 유럽 최대 트레킹 페스티벌이다. 우리나라에서도 백여 명에 가까운 사람들이 이 대회에 참가할 정도로 관심이 증가하고 있다.

드림팀 가이로 알려진 방송인 박재민 씨가 KBS의 '리얼 체험, 세상을 품다'에 출연하여 성공적인 도전을 함으로써 국내 백패커들 사이에 큰 이슈가 되기도 했다. 아름답고도 거친 산악 지대와 숲을 걸으면서 어두운 밤에 길을 잃어 실종되거나 험한 돌길 탓에 양말이 구멍 나는 일들은 보는 이로 하여금 쿵스레덴의 매력을 느끼게 했다. 피엘라벤 클래식에 대한 정보는 웹서핑을 통해 충분히 구할 수 있었다.

피엘라벤 클래식과 더불어 쿵스레덴 전반에 대한 자료도 많이 있을 것 같지만 책으로는 김효선 작가의《스웨덴의 쿵스레덴을 걷다》가 유일했고 웹 사이트에서도 450km를 전부 걸었던 사람의 이야기는 두세 개의 블로그와 카페가 유일했다.

그런 탓에 후에 쿵스레덴을 걷다가 만났던 한국 사람과 가져온 짐을 비교해 보니 같은 블로그에서 추천한 장비와 물건들을 똑같이 많이 가져와서 한참을 웃기도 했다.

그 정도로 쿵스레덴에 대한 정보는 제한적이었다. 특히 오두막이 없어서 가장 걱정이 되었던 크비크요크와 암마르네스 사이 구간에 대한 정보 부족으로 코스를 분석하는 데 어려움이 많았다. 하지만 쿵스레덴 공식 홈페이지나 다녀온 사람들의 사진을 보면 푸른 자연 속에서 블루베리를 걱정 없이 주워 먹으며 즐겁게 트레킹하는 듯이 보였다. 실제로 대부분 코스의 경사는 한국의 등산로보다 심하지 않다.

쿵스레덴에 대해서 알아볼수록 순수한 야생의 매력이 어떤 것인지 더욱 궁금해졌고 급기야 트레킹 코스로 낙점하고 배낭 싸기에 돌입했다. 등산을 해본 적이 없었기 때문에 배낭, 텐트, 등산화, 코펠, 식량 등을 준비하면 될 것이라고 가볍게 생각하였으나 캠핑 물품을 구입하는 사이트에 들어가고 나서야 내 생각이 얼마나 짧은 것이었는지를 깨달았다.

특히 아버지의 배낭을 달라고 했던 멍청한 발언은 지금도 주워 담고 싶은 것 중 하나다. 배낭이 용량에 따른 리터(L)구분이 있다는 것조차 모르고 있었으니 말이다. 한 달 이상의 장거리 트레킹에 필요한 배낭은 최소 65L 이상의 대형인데 35L짜리 아버지의 배낭을 빌려가려고 했던 것이다.

배낭 문제를 시작으로 아무거나 원하는 대로 가져갈 수 없다는 사실도 곧 알게 되었다. 70L 사이즈의 배낭에 한 달 이상 걸으며 먹고 사는 데 필요한 모든 것을 집어넣었을 때 가능한 한 20kg이 넘지 않도록 해야 된다든지, 어떤 장비는 너무 커서도, 무거워서도 안 된다든지 등, 이로 인해 짐을 싼다는 것 자체가 학창시절 근의 공식만큼이나 머리 아픈 문제가 되었다.

이전에 한 번이라도 스스로 캠핑이나 등산을 다녀왔더라면 좀 더 수월하게 짐을 챙길 수 있었을 텐데 초등학교 때 보이스카우트에서 활동한 이력으로는, 그중에서도 밤에 몰래 단원들과 라면을 끓여 먹다가 단장님에게 들켜서 혼났던 기억을 제외하고는 실용적인 어떠한 기억도 떠올릴 수 없었다. 그래도 '작고, 가볍고, 튼튼하게'라는 세 가지에 유념하며 필요해 보이는 짐들을 하나하나 챙겨갔다.

사용해본 적 없는 휴대용 태양광 충전기나 워터필터기와 같은 생각지도 못한 도구들까지 챙기느라 허둥지둥하다 출국 날짜는 일주일 코앞으로 다가왔다. 급한 마음에 동네 뒷산을 두어 번 다녀왔지만 완주할 체력은커녕 하루치 체력도 기르지 못하고 쿵스레덴에 대한 자세한 정보도 알아보지 못한 채 집을 나서게 되었다.

완벽한 준비라는 것도 없겠지만 이렇게 부족한 준비도 없을 만한 배낭을 메고 6월 16일 오전 7시 김포공항에 도착했다. 공항에서 비행기를 기다리던 내 모습은 배낭이 꽉 차서 다 넣지 못한 짐을 양손에 들고 새로 구입한 선글라스를 이유 없이 실내에서 쓴 의욕 넘치는 바보나 다름없었다.

김포공항 수하물 보관소 앞.
의욕 넘치는 바보

비행기, 터미널, 기차

이동경로

김포 ⇨ 북경 ⇨ 스톡홀름 ⇨ 아비스코 투어리스트역

출국 절차를 밟던 중 공항 직원으로부터 충격적인 얘기를 들었다. 한국으로 돌아오는 비행기 표가 없어서 입국이 거부될 수도 있다는 것이었다. 이미 비행기라도 탄 듯 한껏 들떠 있던 기분은 한 순간 추락하고 말았다. 사실 스톡홀름에서 카타르의 도하를 경유해서 인천으로 귀국하는 표를 예매했으나 갑자기 메르스(중동발 호흡기 증후군) 사태가 발생하는 바람에 메르스 주의 지역인 도하를 거쳐 귀국하는 표를 취소했던 것이다.

스웨덴에 입국조차 될 수 없다는 말에 억울하기도 하고 자책감도 들었지만 이미 늦은 일이었다. 일단 스웨덴까지 가서 입국이 거부된다면 그때 가서 해결할 것이라 마음먹고 비행기에 몸을 실었다. 가득 찼던 설렘은 수증기처럼 증발하고 무거운 납덩이 하나가 대신 자리를 잡았다.

14시간 만에 스톡홀름 알란다 공항에 도착해 걱정하던 입국 절차의 문제가 눈앞에 다가왔다. 내가 할 수 있는 건 자상해 보이는 입국 심사관을 직감적으로 찾아내어 불법 체류할 의도가 전혀 없다는 표정으로 서 있는 것이었다.

언젠가 여행 중 만났던 깐깐한 입국 심사관은 왜 왔는지, 얼마나 머물 것인지, 심지어 또 다른 예약한 비행기 표를 보여 달라고 한 적도 있었다. 그리고 어떤 때는 입국 심사관이 넉살 좋은 웃음을 지으며 이것저것 물어보기에 친절하게 대답해주었는데 그것은 내게 호기심이 있었던 게 아니라 의심스러워서 확인해 보려고 했던 것이라는 걸 뒤늦게 알게 된 일도 있었다.

내 차례가 되어 금발에 몸집이 넉넉하고 옆집 아주머니처럼 인상도 포근해 보이는 입국 심사관 앞으로 가볍게 인사를 건네며 다가갔

비행기 날개를 보면 가슴이 설레어야 하는데, 혹시 스웨덴 입국이 거부될까봐 가슴이 무거웠다.

다. 여권을 건네면서도 한국에서 공항 직원이 해주었던 말이 생각나 혹시나 물어볼 입국 이유와 기간에 대해 머릿속으로 시뮬레이션을 그리며 긴장하고 있었다. 그러나 입국 심사관은 아무 말 없이 여권에 도장을 찍어 돌려주었고 오히려 내 뒷사람을 날카로운 시선으로 바라보는 것이었다.

뒷사람에게 건너간 그 날카로움에 긴장의 끈이 잘렸고 끈에 묶여 있던 가슴 속 무거운 납덩이도 같이 떨어져 나갔다. 걱정하던 입국 심사는 오히려 허무할 정도로 무척이나 순조롭게 해결되었고 다시 날아갈 듯한 기분이 되었다.

쿵스레덴의 출발지인 아비스코 투어리스트 역까지 가기 위해서는 스웨덴 최북단에 위치한 도시인 키루나까지 국내선 비행기를 타고 버스나 기차로 갈아타서 가는 방법과 알란다 공항에서 약 18시간이 걸리는 SJ(스웨덴철도청)기차를 타는 방법이 있다.

갈아타는 번거로움을 피하기 위해 SJ기차를 타고 이동하기로 했다. 아비스코 투어리스트역으로 가는 SJ기차는 일반적으로 오후와 밤 시간대에 하루 두 번 정도 있기 때문에 4시간 후에 출발하는 23시 기차표를 사려고 알란다 공항과 이어진 알란다 센트럴 스테이션 Arlanda Central Station 매표소로 갔다.

하지만 복병은 여기에 있었다. 내 앞에 떡 하니 붙어 있었던 것은 '금일 표 매진'이라는 안내였다. 너무나 아쉬운 마음에 매표소 직원에게 세 번씩이나 물어보고 옆에 있는 표 판매기를 수십 번 두드려 봤지만 남은 표는 없었다. 결국 23시 기차가 아닌 23시간 후에 출발하는 기차를 예매했고 역에서 하루를 꼼짝 없이 갇혀 있는 신세가 되었다. 사전에 한국에서 SJ기차표를 예매하려고 했었으나 공항에 도착하고 나서 표를 구매해도 된다는 어느 경험자의 말을 너무 철석같이 믿었던 탓이다. 그가 갔었을 때는 표가 남아 있었는지 모르지만 내가 갔을 때는 다음날 기차표도 겨우 구할 수 있을 정도였고, 이후 3일 연속으로 표가 전부 매진되어 있었다.

5일 동안의 표가 모두 매진되어 있었다고 상상하면 정말 끔찍한 일이다. 만일 쿵스레덴으로 트레킹을 가게 된다면 해외 사이트에서 신용카드가 사용 가능한지 확인도 할 겸 미리 집에서 기차표를 예매하는 게 현명할 듯하다.

하루 동안 무엇을 해야 할지 고민했지만 충격과 허기 때문에 두뇌 회전이 제대로 되지 않았다. 일단 허기부터 채우기로 했다. 눈앞에 보이는 프레스 뷔르론Press byrån이라는 편의점에서 샌드위치와 콜라로 끼니를 때웠다. 잠시 당황했던 마음이 진정되자 이제 숙박 문제를 어떻게 해결해야 할지에 대한 고민이 남았다. 그때 문득 메르한 카리미 나세리라는 사람이 떠올랐다.

이란에서 추방당해 프랑스 샤를 드 골 국제공항에서 18년 동안 살았던 망명객으로, 그는 공항에서 머무르며 썼던 일기를 바탕으로 《The Terminal Man》이라는 자서전을 출간했다. 이 책은 스티븐

스필버그 감독의 영화 《터미널》의 모티브가 되기도 했다. 18년이라는 세월에 비할 바는 아니었지만 하루 정도는 그가 집처럼 여겼던 터미널에서 지내보는 것도 나쁘지 않다는 생각이 들었다. 그렇게 스웨덴에서의 첫 숙박은 터미널이 되었다.

먼저 거대한 터미널을 한 바퀴 구경해보기로 했다. 의외로 생각했던 것보다 규모가 크지 않았고, 갈 수 있는 곳도 제한되어 있어서 둘러보는 데에는 시간이 얼마 걸리지 않았다. 편의점이 있는 매표소 앞으로 다시 돌아와서 홀에 자리를 잡고 짐을 풀었다. 무엇을 해야 할지 생각하다가 한국에서 짐을 챙기느라 제대로 알아보지 못하고 왔던 쿵스레덴에 대한 정보를 찾아보기로 했다.

쿵스레덴 공식 홈페이지 사이트에 들어가 보니 코스마다 설명이 요약되어 있고 일부 코스는 사진도 첨부되어 있어서 어떤 풍경인지 자세히 알 수 있었다. 몇몇 블로그와 카페에서 봤던 것처럼 순록들이 떼 지어 다니며 풀을 뜯어 먹는 모습, 트레커들이 푸른 잔디에 누워 배낭을 베개 삼아 구름 한 점 없이 맑은 하늘을 보는 모습, 따스한 태양 아래 재킷을 벗고 반팔만 입은 채 트레킹을 하는 모습 등 다양한 사진들이 올라와 있었다. 이미 스웨덴에 도착했음에도 다시 쿵스레덴의 사진들을 보니 당장 걷고 싶은 마음에 몸이 들썩였다.

또 한 가지 해야 했던 일은 한국에서 제대로 배낭에 넣지 못한 짐들을 정리하는 것이었다. 공항을 나왔을 때 한 손에는 매트리스를, 다른 한 손에는 보조배터리와 같은 잡다한 물건이 담긴 작은 가방을 들고 있었다. 이제 며칠 후면 트레킹을 시작하게 되는데 아직도 양 손에 등산 스틱이 아닌 짐을 들고 있어서는 안 될 일이었다. 양 손의 짐을 모두 배낭에 넣기 위해 배낭을 열었으나 트레킹을 시작하기 전이라 무엇을 줄여야 할지 가늠조차 되지 않았다. 할 수 없이 약간의 식량을 미리 개봉하여 먹고 아우터나 매트리스를 배낭 바깥에 매달아 놓았다. 한참을 씨름하다 양 손의 짐을 해결하고 나니 배낭은 곧 터질 것처럼 빵빵한 상태였고, 쑤셔 넣어진 짐들의 모서리 모양에 따라 배낭 모양은 삐뚤빼뚤 그 자체였다. 배낭이 찢어지지 않을까 조금 걱정이 됐지만 일단 자유로워진 두 손에 만족하기로 했다.

터미널에서 하루를 보낼 즈음, 생각지도 않게 농담을 주고받을 친구가 생겼다. 그 친구는 프레스 뷔르론 편의점의 매니저였다. 그곳에서 머무는 동안 편의점을 네 번이나 들락거렸다. 편의점에 세 번째 들러서 음식을 샀을 때 그는 원 플러스 원 이벤트는 오직 나만을 위한 것이라며 농담을 건넸다. 그 일을 계기로 우린 대화의 물꼬가 트였고, '내가 왜 이곳에 온종일 머물고 있는지'부터 '한국에는 왜 큰 사이즈로 유행하는 옷이 없는지'와 같은 소소한 이야기를 나누었다. 그리고 내 여행 계획을 들은 그는 당장 편의점 문을 닫고 함께 가고 싶다고 했다.

어느새 기차가 올 시간이 되자 쿵스레덴 트레킹을 마치고 귀국하기 전, 편의점에 꼭 들르겠다는 약속을 했다. 마지막으로 그와 함께 사진을 찍었다.

마침내 목이 빠져라 기다리던 기차가 도착했다. 공항에서 기다렸던 시간에 비하면 기차를 타고 이동하는 18시간은 오히려 짧게만 느껴졌다. 목적지에 도착한 것은 한국에서 출발한 지 57시간 9분만이었다. 가까운 일본이나 중국이라면 여행도 다녀올 수 있는 2박 3일의 시간을 비행기와 터미널, 기차에서 보낸 것이다.

← 터질 것처럼 빵빵한 배낭과 나는 알란다 중앙역에서 서로 기대며 백야 속에 긴 하루를 보냈다.

↓ 스웨덴에서 처음 만난 친구, 프레스 뷔르론 편의점 매니저 피터

알란다 중앙역 지하 플랫폼에 들어서자 습한 기운과 냄새가 났다.
이제 10분 후면 23시간을 기다린 SJ(스웨덴철도)가 도착한다.
온라인 티켓 예매는 스웨덴철도공사 홈페이지(www.sj.se)에서 가능하다.

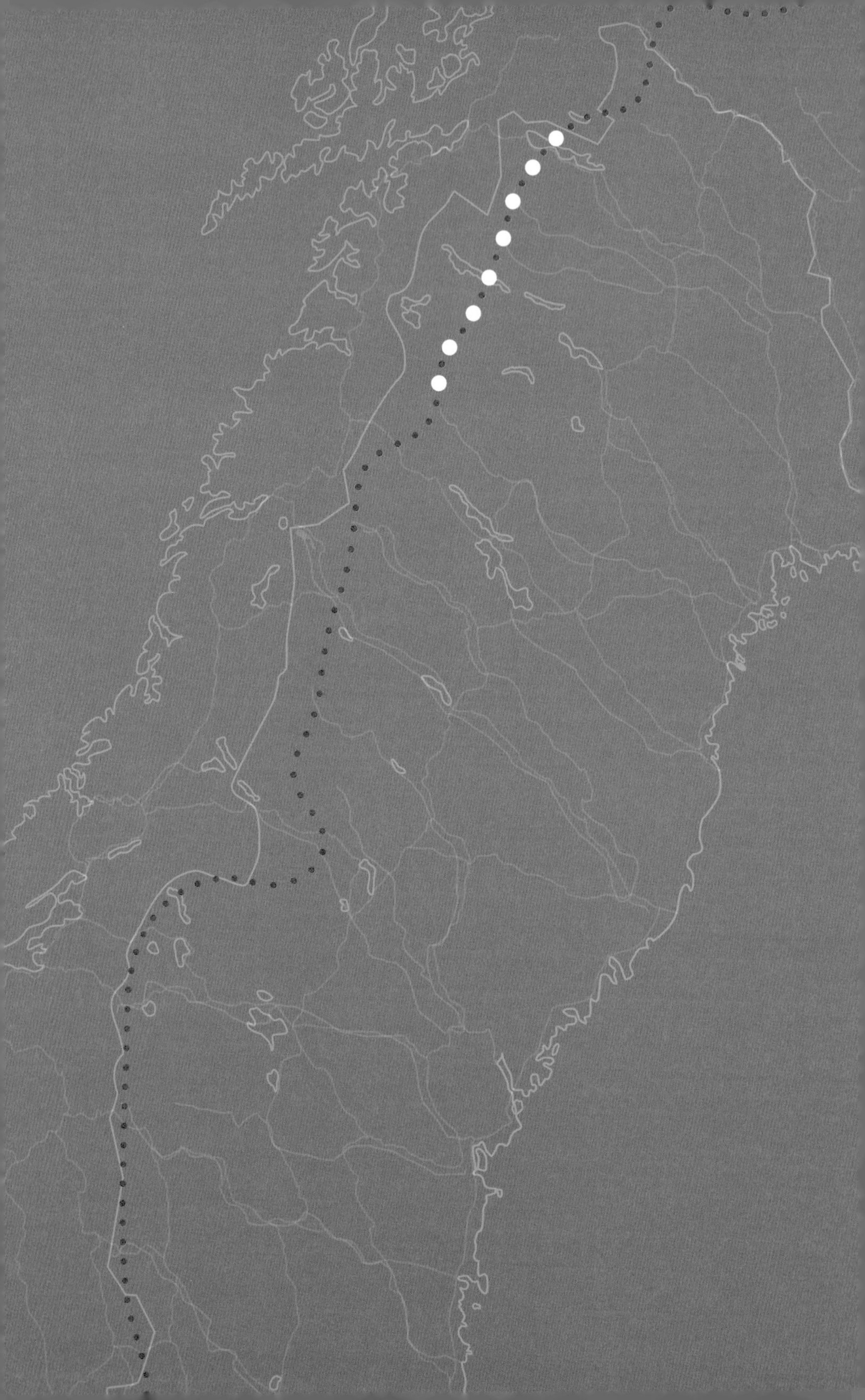

02
북부 쿵스레덴
180km 지점

남이 만든 불가능

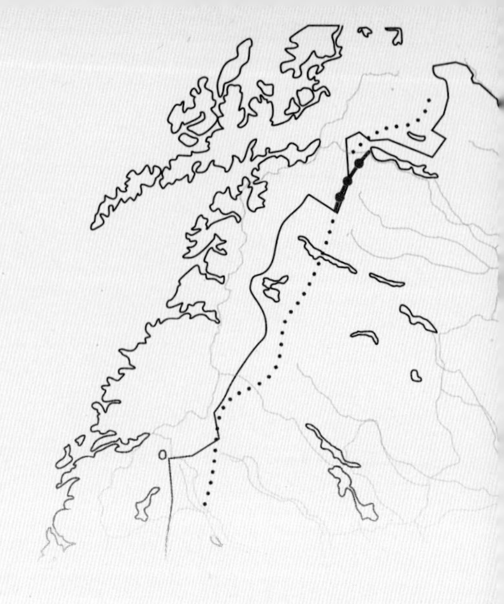

코스

아비스코Abisko 13km→ 아비스코야우레Abiskojaure 22km→ 알레스야우레Alesjaure

"조만간 450km 정도 되는 트레킹을 다녀올 거야."

"450km?! 그걸 왜 가? 며칠이나 걸리는데?"

"40일 정도 생각하고 있어."

"트레킹 한 번도 해보지 않은 네가 혼자서 그만큼 걷는다고?
분명 일주일만 지나도 돌아오게 될 걸?
적당히 하고 돌아와."

∞

얼마나 많은 사람이 불가능한 일이라고 말하는지,
얼마나 많은 사람이 그 일을 이미 시도했는지 상관없다.
그 일을 할 때는 그것이 자신의 첫 번째 시도임을 아는 게 중요하다.

— 월리 아모스

아비스코 투어리스트 역에 도착했을 때 한 가지 놀라운 점을 발견했다. 역 주변에 역사를 제외한 어떤 건물도 들어 서 있지 않다는 것이었다. 아비스코 투어리스트 역은 쿵스레덴을 시작하는 출발점이자 오로라를 볼 수 있는 장소이기 때문에 적지 않은 수의 사람들이 이곳을 찾아온다. 여행객이 있으니 주변에 음식점이나 숙박시설이 있을 거라고 당연히 생각했는데 건물이라고는 나무로 지어진 역사 하나 달랑 눈 덮인 산 능선과 마주하고 있는 풍경이라니.

아비스코를 둘러 싸고 끊임 없이 이어지는 산 능선

쿵스레덴의 시작, 눈 덮인 산 능선을 배경으로 고즈넉하게 자리 잡은 아비스코 투어리스트 역사

한국이라면 어땠을까? 파전에 막걸리를 곁들일 수 있는 선술집 하나 정도는 있을 법한데 스웨덴의 고즈넉한 풍경은 이국 땅에 와있음을 실감케 하기에 충분했다. 하지만 이 풍경은 오히려 이내 묘한 아름다움으로 다가왔다.

스웨덴의 국토는 한국의 두 배 크기에 달하고 긴 소시지 모양을 하고 있어서 북쪽과 남쪽이 서로 다른 자연경관을 지니고 있다. 수도인 스톡홀름 이남 지방은 빙하활동의 영향을 받아서 암석해안이나 피오르 같은 경치를 볼 수 있고, 대부분 평지로 이루어져 있어서 인구밀도가 높다. 반면에 스톡홀름 이북에 있는 놀란드Norrland 지방은 스웨덴 국토의 60%를 차지하지만 인구밀도가 낮고, 광활한 삼림지와 호수, 강 등으로 이루어져 있다. 높은 산들은 주로 북쪽 놀란드 지방에 속해 있으며 스웨덴의 가장 높은 산인 해발 2,111m의 케브네카이세Kebnekaise도 북부 쿵스레덴을 걷다 보면 만날 수 있다.

이렇게 다양한 자연 환경 속에서 욕심 내지 않고 자연과 조화를 이루려는 모습이 스웨덴에 대한 나의 첫 인상이었다. 이러한 감상은 일반적으로 우리가 북유럽을 떠올릴 때 흔히 그리는 이미지와 맞닿아 있기도 하다. 여유로움과 편안함을 중시하는 북유럽의 라이프스타일, 아이와의 교감과 대자연 속에서 보내는 시간을 소중하게 생각하는 스칸디나비아 양육법, 자연적 배경의 영향으로 비장함과 황량함이 분위기를 지배하는 북유럽의 신화 등, 자연에 대한 스웨덴 사람들의 애정이 어느 정도인지는 몰라도 삶에 밀접하게 관련되어 있다는 것만은 분명해 보였다.

실제로 스웨덴 사람들이 자연 속에 섞여 있는 모습을 보면 굉장히 자연스럽고 여유롭게 느껴졌다. 게다가 스웨덴의 산악지형은 가파른 형태가 아니라 경사가 낮은 구릉지 형태를 띠고 있는데 이는 자연을 감상하며 여유롭게 걷는 트레킹이 많이 발전한 이유이기도 하다.

쿵스레덴을 걷는 동안에도 아이를 데리고 트레킹을 하는 가족들을 수시로 목격할 수 있었는데, 아기를 업고 가는 엄마와 자신의 몸보다 더 큰 배낭을 메고 걷는 남편의 모습은 그들이 자연과 얼마나 가깝게 교감하며 살아가는지 알 수 있었다.

스웨덴 사람들에게 독특한 백야 현상은 더없이 축제하기 좋은 소재이다. 스웨덴은 북반구 고위도에 위치해 있어서 지리적 특성상 겨울이 여름보다 길고 일조량이 적다. 그래서 여름이 되어 1년 중에 낮이 가장 긴 날, 하지가 오면 20시간 지속되는 햇빛을 만끽하면서 먹고 마시고 3일 내내 축제를 벌인다. 햇빛을 그리워하는 스웨덴 사람들에게 이 시간은 특별하며, 바이킹 시대부터 시작된 대표적인 명절로 손꼽힌다.

보통 6월 19일에서 26일 사이에 축제가 열리는데, 백야 축제를 염두에 두고 가지는 않았지만 아비스코 투어리스트에 도착한 다음날인 19일은 축제가 시작되는 날이었다. 생각지도 않은 행운에 감사하며 백야 축제를 얼마나 기대했는지 모른다.

정원에는 축제의 상징이라고 할 수 있는 들꽃과 자작 나뭇잎으로 장식된 나무기둥인 마이스통Majstang이 세워졌고, 아코디언 연주 소리가 울려 퍼지며 사람들은 밖으로 나와 햇빛을 축하하는 케이크와 전통 술인 스납스Snaps를 나눠 먹었다. 나 역시 룸메이트 친구들과 뜰로 나와서 음악 소리에 몸을 맡기며 흥겹게 춤을 추었다. 잠시 쉬는 사이에 한 아주머니가 다가와 백야 축제에 잊어서는 안 될 것에 대해 알려주었다.

백야 축제의 상징인 마이스통과 이를 즐기는 사람들

스웨덴에는 전통이 있는데 하지 기간에 7개의 다른 꽃을 꺾어서 베개 위에 놓은 후 잠이 들면 꿈에서 누구와 결혼을 하는지 볼 수 있다는 것이었다. 그 말을 듣자마자 정원을 샅샅이 돌아다니며 꽃을 모으려 했으나 아쉽게도 꽃이 대부분 피지 않은 상태였다.

백야 축제를 함께 즐겼던 룸메이트들 중에 트레킹을 하기 위해 이곳에 온 독일인 네 명으로 구성된 혼성팀이 있었다. 이들은 사흘 전에 아비스코에서 출발했지만 이틀 간 걸어가다가 헬기를 타고 되돌아왔단다. 이유는 험한 날씨와 눈 때문이었다.

지난해 6월 아비스코의 날씨는 더운 여름이었다. 그런데 금년에는 기상이변으로 6월임에도 불구하고 여전히 산에 눈이 쌓여 있었고 이따금 눈까지 내리기도 한다는 것이었다. 이곳에 오기 전 상상했었던 쿵스레덴과는 전혀 다른 모습이었다.

독일 팀의 말인즉, 그들은 출발한 다음 날 아비스코야우레에서 알레스야우레로 가는 중 온통 눈으로 뒤덮인 산언덕을 올랐다. 본래 여름 길을 따라서 가야 하는데 길이 눈에 덮여 겨울 길 깃발 표시를 보고 갈 수밖에 없었다. 다행히 스노슈즈Snowshoes를 신고 있어서 무릎 위까지 올라오는 눈길을 조심히 헤쳐 나가고 있었는데 갑자기 맨 앞에 가던 친구가 얼음 깨지는 소리와 함께 눈 밑으로 쑥 빠졌다. 얼어붙은 커다란 물웅덩이 위에 눈이 쌓여 있는 것을 모르고 그 위를 걸었던 것이다.

가슴까지 물이 차올랐고 놀란 친구들은 그녀를 구하기 위해 있는 힘껏 재빠르게 끌어올렸다. 다행히 그녀는 구출되었고 두세 시간을 더 걸어서 네 명 모두 무사히 12시간 만에 알레스야우레에 도착했다. 물웅덩이에 빠졌던 그녀는 여전히 충격과 공포에서 헤어 나오지 못하고 있었고 고도가 더 높아지는 다음 길을 가기에는 무리였기 때문에 네 명이 합의 하에 내년에 다시 오기로 하고 헬리콥터를 타고 아비스코로 되돌아왔다고 했다.

그들이 말하길 지금은 이곳이 트레킹하기에는 최악의 시기라고 했다. 근래에 기온이 조금씩 올라가면서 쌓여 있던 눈의 아랫부분은 녹고 윗부분은 사람의 체중을 받쳐줄 만큼 단단하지 않아서 슬러시 위를 걷는 것과 다름없다는 것이다.

그들은 내게 현재 스테이션에서 대여해 줄 스노슈즈가 없다는 사실과 날씨와 시기, 내가 지닌 장비들, 나의 트레킹 숙련도를 종합하더니 종주는커녕 둘째 날도 넘어가기 힘들 것이라는 조언을 해주었다. 그들의 이야기는 병을 진단하고 수술을 권유하는 의사만큼이나 신빙성 있고 설득력 있게 들렸다.

무릎까지 올라오는 슬러시 위를 스노슈즈도 신지 않고 걸어야 한다는 생각에 공포와 두려움이 엄습했다. 하지만 '무식하면 용감하다'고 했던가. 이곳에 온 각오를 생각하면 남의 말만 듣고 그대로 한국으로 돌아갈 수는 없었다. 아비스코에서 만난 독일인 마틴과 아비스코야우레에서 합류한 캐나다인 세르게이와 나는 직접 슬러시 위를

🡐 쿵스레덴의 입구 이곳에 서는 순간 가슴이 두근거리기 시작한다.

🡑 아비스코야우레 가는 길에 만난 첫 번째 명상록

다그 함마르셸드의 어록을 새겨 두었다. 다그 함마르셸드는 스웨덴의 외교관이자 제2대 UN 사무총장을 지냈던 덕망 높은 사람이다. 냉전시기 세계평화를 위해 기여한 점을 인정받아 최초로 사후에 노벨 평화상을 받기도 했다.

걸어보고 가능할지 불가능할지 판단을 내리기로 결정했다.

우리 셋은 동행인이 되어 알레스야우레로 가는 길에 그녀가 빠졌다고 했던 얼음 웅덩이를 발견할 수 있었다. 슬러시가 되어 있는 눈길은 무릎까지 빠졌으며 스노슈즈조차 없이 걷는 걸음마다 눈석임물Meltwater이 신발 속으로 물밀듯이 들어왔다. 얼마나 차가운지 동통과 당혹스러움에 처음에는 한 걸음 내딛을 때마다 물을 빼내려고 애썼지만 시간이 지나자 견딜 만해졌고 혹시나 모를 동상 걱정에 한 시간마다 신발을 벗고 물을 빼냈다.

우리는 슬러시와 눈길을 번갈아 가면서 걸었고 출발지점에서 10km 정도 걸어왔을 때 결국 나는 두 사람과 페이스를 맞출 수 없어서 둘을 먼저 보내기로 했다. 그들은 떠나기 전에 나에게 괜찮겠느냐고 몇 번이나 물어보는 통에 텐트를 가지고 있으니 가다가 힘들면 중간에 하룻밤을 묵고 가겠다고 그들을 안심시켰다. 하지만 사실 눈이 땅을 전부 덮고 있는 그곳에서 캠핑할 자리도 찾기란 쉽지 않다는 것을 알고 있었다. 그래도 그들에게 짐이 된다는 생각이 나 자신에게도 부담으로 다가왔다. 어느새 그들은 지평선 너머로 사라졌고 앞을 보고 걸을 수 있는 힘조차 없어서 고개를 떨군 채, 눈에 파묻힌 발을 꺼내고 또 꺼내기를 반복하며 기계적으로 걸었다.

잠시 쉬어 앞뒤를 살펴보면 광활한 대지가 펼쳐져 있을 뿐 인기척은커녕 짐승이나 새, 생물의 그 어떤 기척도 느껴지지가 않았다. 적막함 속에 발은 수렁으로 빠지는 듯했고 두려운 상상이 점점 더 나를 잠식해갔

← 세르게이 뒤를 열심히 따라가지만 이미 나는 눈이 풀려 버렸다.

↑ 아비스코야우레에서 알레스야우레 가는 길, 불평할 여유도 이유도 없는 풍경

↓ 그녀가 빠졌던 얼음 웅덩이

다. '어쩌면 오늘 내가 이 구간을 걷는 마지막 사람이 아닐까? 걷다가 체력이 부족해서 더 이상 걷지 못하면 어떡하지? 돌아가기에는 너무 멀리 왔고 중간에 텐트를 칠 만한 자리도 없을 텐데. 지금 혹시 내가 얼어붙은 웅덩이 위를 걷는 게 아닐까? 만약 물에 빠지면 어떻게 빠져 나와야 하지?' 공포가 덮쳐오는 와중에 그리 멀지 않은 곳에서, 두껍게 쌓인 눈이 중력을 이기지 못해 절벽처럼 일부가 떨어져 나가는 광경을 보자 더욱더 소름이 끼쳤다. 물통이 바닥을 보이기 시작하고 주변에 물이 없다는 것을 깨달았을 때 갈증이 찾아왔다. 사방이 눈이라서 긴급 시에 리액터를 꺼내 눈을 녹여 마시면 잠시나마 목마름을 해소할 수 있겠지만 그 정도의 임시방편으로는 갈증의 압박을 막아내기에 부족했

다. 찬바람이 목구멍을 더욱 메마르게 하여 갈증이 심해져 갈 때 계곡 높은 곳의 눈이 녹아 바위 사이로 흐르는 아주 작은 물길을 발견했다. 곧장 걸어가 입부터 대려고 했으나 눈 녹은 물을 바로 마시다 안에 섞여 있는 미생물 때문에 배탈이 난 것 같다는 트레커의 말이 떠올라서 인내하며 휴대용 정수기를 꺼내 거른 후 마셨다.

이제 갈증은 사라졌지만 두려움은 여전히, 더욱 짙어져 갔다. 두려움과 공포에 짓눌려서 움직이지 못할 것 같은 느낌이 들자 이를 떨쳐버리기 위해 메아리도 없는 '야호!'를 몇 번이고 소리쳐 보았다. 끝나지 않을 듯 이어지는 눈길을 걸으며 트레킹 하기에는 불가능하다고 진단을 내렸던 독일 친구들의 말이 계속 맴돌았고, 누군가가 나를 영원히 끝나지 않는 길에 가두어 둔 것 같았다. 몇 시간이 흘렀을까? 얼마나, 어디까지 왔는지 생각할 겨를조차 없이 걷고 있을 때 저 멀리 하얀 눈 위에 과자 부스러기가 떨어진 것처럼 오두막들이 보였다. 그 순간 잠들어 있던 아드레날린이 몸 안 구석구석 날뛰기 시작했다. 두 시간은 더 걸어야 도착할 거리를 금방이라도 닿을 것처럼 활기차게 걸어 나갔다.

마침내 아비스코야우레에서 출발한 지 14시간 만에 알레스야우레에 도착했다. 그 날 밤, 열이 오른 몸살과 해냈다는 흥분으로 뜨거운 밤을 보냈다.

대부분의 사람들은 누군가가 도전하는 일이 성공할 가능성이 높아 보여도 혹시나 실패하여 원망을 사게 될까봐 조언이나 충고를 할 때

↑ 알레스야우레 가는 길에 보게 된 아름다운 풍경의 물웅덩이

도 신중하게 의견을 제시하기 마련이다. 하지만 불가능해 보이는 일에 대해서는 단호하게 판단을 내리는 경향이 있다. 누군가는 자신이 경험했던 사례를 들고, 누군가는 타당하고 논리적인 이유들을 제시하고, 누군가는 직감적이거나 소문에 의해 '그렇기 때문에 불가능하다'라는 주장을 한다.

주장의 하이라이트는 현실적으로라는 어구가 앞에 붙으면서 시작된다. '현실적으로 그것을 하려면 얼마의 비용이 든다', '현실적으로 그건 경쟁률이 몇 대 몇이다', '현실적으로 너무 힘들고 위험하다' 이러한 충고들은 이상과 현실성에 대한 괴리감을 불러일으키며 어떠한 일들에 도전해보기도 전에 미리 포기하게 만드는 요인이 되기도 한다. 즉, 스스로 결정해야 하는 자신의 삶과 도전이 타인의 관점에서 과반수 이상의 표를 얻어야 하는 투표 놀이가 되는 상황이 벌어지는 것이다.

50여 년 전 자신의 삶을 주체적으로 결정하여 도전한 뉴질랜드의 버트 먼로Burt Munro라는 사람이 있었다. 그는 오토바이의 스피드에 매료되어 프로 라이더가 되는 것이 꿈이었지만 세계 대공황을 겪으면서 꿈을 마음속에 간직한 채 나이가 들어가고 있었다. 뒤늦은 나이에 꿈을 실현하려고 마음먹었을 때는 협심증과 배뇨문제로 고통을 겪고 있었고, 그의 오토바이는 오래된 부속품과 시대에 뒤떨어진 외관으로 사람들의 비웃음을 살 정도였다.

그가 미국으로 건너가 속도 기록 측정 경기로 유명한 보너빌 솔트 플랫Bonneville Salts Flats에 출전한다고 했을 때 주변 모든 사람들이 불가능하다고 고개를 저었다. 하지만 1967년 자신이 개조한 구형 오토바이로 1,000cc 이하 급 세계 신기록을 세우며 세계에서 가장 빠른 남자로 알려지게 되었다. 당시 70세에 가까운 나이에 남들이 불가능하다고 한 일을 해낼 수 있었던 것에 대해 그는, '때로는 평생을 사는 것보다 5분을 빠르게 달리는 것이 더 소중할 때가 있다'고 피력하였다. 그의 기록은 현재까지도 깨지지 않고 남아 있다.

지금도 내 가슴 한켠에 남아 있는, 다른 사람들의 의견에 흔들렸던 일 한 가지가 떠오른다. 어릴 적 꿈이었던 외교관의 길을 가기 위해

준비하다가 그만두었던 일이다. 외교관을 단순히 직업으로서의 회의를 느꼈다는 이유로 그 길을 되돌아 나온 것은 아니었다. 당시 외무고시는 사법고시가 로스쿨 전형으로 변해가는 것처럼 2년 내에 외교아카데미제도로 바꾼다는 정책 선언이 있었다. 2년 만에 외무고시를 준비해서 합격하겠다는 것은 어려운 일이었다.

커뮤니티를 통해 나와 비슷한 상황에 있는 사람들의 고민을 찾아보니 댓글은 모두 힘들 거라는 부정적인 내용들뿐이었다. 현재까지 합격자 중에 2년 동안 공부해서 통과한 사람은 거의 없다는 이야기도 있었다. 그러한 의견들은 외무고시 준비를 그만두게 하는 데 한 몫을 했다. 지금에 와서 그때의 선택을 후회하는 것은 아니지만 좀 더 내 마음 속에서 울리는 소리에 집중했다면 어땠을까 하는 아쉬움은 남는다. 결국 2년으로 부족하다는 것은 다른 사람의 잣대이고 실제 외무고시는 폐지까지 4년이 걸렸으니 말이다.

돌아가는 길도 아름답다

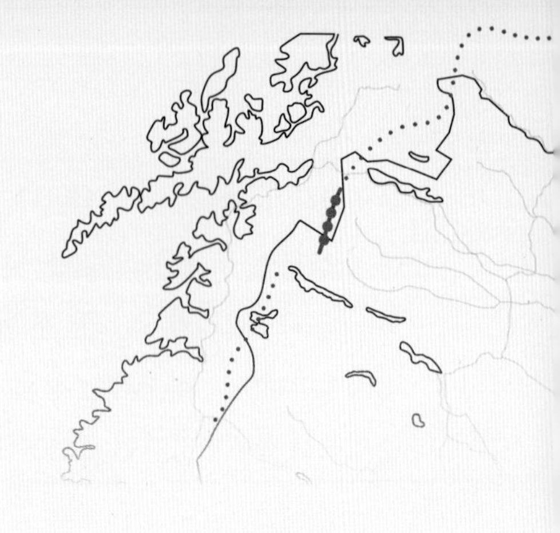

필자 코스

알레스아우레Alesjaure 52km ⇨ 니칼루오크타Nikkaluokta 19km ⇨ 케브네카이세Kebnekaise 14km ⇨ 싱이Singi

본 코스

알레스아우레Alesjaure 13km ⇨ 셰크티아Tjäktja 12km ⇨ 셀카Sälka 12km ⇨ 싱이Singi

"혼자 왔나요?"

"네, 오늘 셰크티아 오두막으로 가야 하는데
엄두가 나지 않네요. 어제 눈 때문에 너무 고생해서."

"혼자 간다면 위험할 것 같군요.
차라리 돌아가는 게 어때요?
니칼루오크타에서 온 사람들 말을 들어 보니
그 쪽 길은 괜찮다고 하더군요."

"하지만 두 배가 넘게 더 걸어야 되네요.
그래도 생각해 봐야겠어요. 감사합니다."

∞

올곧게 뻗은 나무보다는 휘어 자란 소나무가 더 아름답습니다.
똑바로 흘러가는 물줄기보다는 휘청 굽이친 강줄기가 더 정답습니다.
일직선으로 뚫린 빠른 길 보다는 산따라 물따라 가는 길이 더 아름답습니다

– 박노해 '굽이 돌아가는 길'

알레스야우레에 도착했을 때 몸은 냉기로 가득 찼다. 텐트를 펼쳐 볼 힘도 없이 오두막에서 감기약을 먹고 시린 발을 부여잡으며 몸살과 함께 잠이 들었다. 다음 날 12시간 만에 잠에서 깨어나 다소 가벼워진 몸으로 오두막 문을 열고 나와 보니 넓게 펼쳐진 풍경이 고요 속에 일순간 정지된 한 장의 사진처럼 보였다.

세상 모든 것이 멈춰진 듯 숨을 죽이고 있는데 갑자기 사진 속에서 작은 움직임들이 일었고 그 움직임들은 시간의 흐름을 만들어내며 알레스야우레에 도착했음을 이제야 실감나게 했다. 그 움직임은 바로 점점이 저 멀리 먼저 떠난 한 무리의 트레커들이 걸어가고 있는 모습이었다.

알레스야우레 오두막에서 바라본 풍경

그들은 마치 한 편의 풍광처럼 보였지만 저 길이 곧 내가 혼자 가야 하는 길이라는 생각이 들자 다시금 몸살 기운이 스멀스멀 기어 올라왔다.

쿵스레덴을 따라 알레스야우레에서 셰크티아로 가는 길은 전날 보다 경사와 고도가 더 높아졌다. 몸 상태가 좋지 않고 체력이 부족한 것도 문제였지만 혼자서 위험해 보이는 그 길을 갈 수 있을 것인가에 대해 걱정과 망설임이 들었다. 갈 것인지 말 것인지 고민하고 있을 때 오두막 주인아저씨가 다가와 말을 걸었다. 그는 혹시 저 산을 넘어가려고 하느냐고 물었고 나는 고민 중이라고 대답했다. 그는 다시 혼자 길을 걷고 있냐고 물어봤고 나는 그렇다고 대답했다. 그러자 이제까지 걸어온 길보다 적설량이 더 많아서 혼자 셰크티아 계곡을 넘어가는 건 위험해 보이니 돌아가는 건 어떠냐고 권유했다.

알레스야우레에서 쿵스레덴을 계속 걸어갈 수 있는 방법에는 두 가지가 있는데 싱이 오두막에 도착하기 위해서는 북부 쿵스레덴의 가장 높은 구간인 1,140m 셰크티아 계곡을 지나가는 37km 길과 니칼루오크타를 거쳐서 돌아가는 91km 길이 있다고 알려주었다. 91km 길은 다행히 고도가 점차 낮아져서 안전하게 도착한 사람도 있다고 했다.

단거리이긴 하지만 위험한 37km와 안전한 91km를 선택해야 하는 기로에 놓였다. 나는 종주를 목표로 했기 때문에 54km를 더 돌아가더라도 좀 더 안전한 길을 선택하기로 했다. 출발한 그날 저녁부터 소나기가 내리기 시작했다. 한밤중, 텐트 위로 세차게 떨어지는 빗

줄기 때문에 텐트가 찢어질 것 같아 도저히 잠들 수가 없었다. 사흘 연속 비는 멈추지 않았고 어느 샌가 따라가던 길조차도 물에 침수되어 버렸다. 배낭은 물론이고 몸도 마음도 심지어 내뱉는 숨조차도 폭우 속에 무겁게 가라앉았다.

빗속에서 트레킹 하는 것이 쉽지는 않았지만 가장 힘들게 한 것은 산 절벽에서 내리는 폭포를 따라 세찬 물줄기가 되어 흐르는 계곡물이었다. 평소라면 쉽게 점프만 해도 건널 수 있는 계곡물이 소나기와 눈 녹은 물이 합쳐지면서 깡패처럼 무섭게 몰아쳐 내렸다. 십여 개의 계곡물을 통과할 때마다 건널 수 있을 만한 길을 찾기 위해 이십여 분을 위아래로 숲을 헤치며 돌아다녔다.

한 번은 나무에 올라타서 반대편으로 건너갔는데 땅을 딛자마자 밟았던 나무가 부러져서 순식간에 물에 휩쓸려 내려가는 모습을 보고 식은땀을 흘려야 했다. 그 이후 멀리 산 절벽에서 떨어지는 폭포만 봐도 목숨을 걸고 계곡물을 건너야 한다는 부담과 공포가 몰려 왔다.

니칼루오크타 도착 5km 정도를 남기고 지도상으로 마지막인 계곡물이 보였다. 여기만 건너면 된다는 희망은 금세 절망으로 바뀌었다. 지나온 계곡들과는 차원이 다르게 불어난 수량은 최소 10m 이상의 너비가 되는 강이라고 해야 할 지경이었다. 비가 오는 날 무려 열 시간이 넘도록 걸어오면서 지칠 대로 지친 상태였다.

마지막 이곳만 건너면 쉴 수 있는 따뜻한 침대와 가족과의 연락,

▲ 니칼루오크타로 가는 숲 속 길.
이 길이 폭우로 잠겨서 발 디딜 곳을 찾기가 쉽지 않았다.

▼ 니칼루오크타 가는 길 옆에 보이는 눈 덮인 언덕. 여름이라는 게 믿기지 않는다.

인터넷을 이용한 문명과의 접촉을 할 수 있다는 생각으로 그 계곡을 건너기로 결심했다.

바닥이 보이지 않는 흙빛 계곡물을 향해 조심스럽게 발을 내디뎠다. 첫발을 내딛자마자 물은 허리까지 차올랐고 물의 냉기는 단숨에 하반신을 마취시켰다. 이 상태로 과연 건너편까지 갈 수 있을까? 신발 속까지 물이 찬 상대로 1시간 이상 지나면 위험해질 수 있다는 것을 며칠 전 눈길을 걸으며 경험했기 때문이다.

주어진 시간은 오직 1시간이라고 생각하며 마음속으로 스톱워치를 눌렀다. 다행히 폭이 넓은 탓에 물살은 그리 빠르지 않았다. 등산스틱으로 바닥을 잘 찍으면 중심을 잡고 서 있을 수 있었다. 몇 발자국 걸어보니 풀뿌리가 얽히고설켜서 끈기 있는 부분이 괜찮은 디딤돌 역할을 해주었다. 떠내려가지 않게 듬성듬성 밟히는 풀뿌리들을 골라 30분 정도를 나아간 끝에 두세 걸음이면 건널 수 있는 거리까지 도달했다. 하지만 그 앞은 지나온 곳보다 더 깊고 유속이 빨랐다.

조심스럽게 발을 내밀어 휘저어 보았으나 바닥에 발이 닿지 않았다. 혹시나 되돌아 갈 수 있을까 방금 지나온 곳을 밟아 보았더니 갑자기 가슴 아래까지 물이 차오르는 바람에 놀라서 제자리로 돌아갔다. 정신 없이 건너오느라 어떤 길로 왔는지 기억도 나지 않고 밟고 있는 그곳이 마치 외딴섬처럼 느껴졌다. 뒤돌아 갈 수도 없고 물이 허리까지 차 오른 상황에서 고민하거나 머뭇거릴 시간조차 없었다. 이미 몸은 저체온증으로 가늘 수 없는 지경이 되었다. 하지만 어떻게든 건너야만 했다.

발을 앞으로 내디딘 순간 몸이 잠수함처럼 물속으로 잠겨 들어갔다. 허리쯤에 있던 물은 눈 깜짝할 사이에 턱까지 차올랐다. 한 걸음을 내디딘 것뿐인데 남은 생의 모든 시간을 단숨에 넘어 죽음의 문 앞까지 도달한 듯했다. 아차, 싶었지만 물속에 잠긴 20kg의 배낭이 등에서 거세게 잡아당기고 있었다. 죽음을 조용히 받아들일 수 있을 만큼 나는 그 어떤 준비도 되어 있지 않았다. 쿵스레덴을 종주하고 지금보다 더 멋진, 의미 있는 나만의 삶을 살아가야 했다. 죽음을 거부하려는 듯 두 팔과 두 다리를 버둥거렸고 순간 손에 쥐고 있던 등산 스틱을 나도 모르게 땅에 꽂은 후 온 힘을 다해 몸을 물 위로 끌어 올렸다.

발 밑에 흙바닥이 느껴지자 발가락에 힘을 준 채 물 밖으로 개처럼 기어 올라왔다. 물살에서 빠져나오려고 무작정 앞으로 기어갔는데 땅이 푹 꺼지는 물웅덩이가 바로 앞에 있는 바람에 무게 중심을 잃고 얼굴을 물에 처박고 말았다. 순간 다시 계곡물에 빠진 줄 알고 심장이 덜컹하였으나 다행히 손으로 짚고 일어날 수 있는 작은 물웅덩이였다. 휘청거리고 손을 휘저으며 몇 걸음 더 앞으로 나아간 후에야 땅바닥에 그대로 누웠다. 그제야 마음이 놓였다.

등산 스틱을 놓고 물에 젖은 배낭을 풀고 물속에 한참 담갔던 신발을 벗은 후에 가장 먼저 입에서 나온 소리는 '주님 감사합니다'라는 짧은 기도였다. 이제껏 이때만큼 순수하게 하나님께 감사한 적은 없었던 것 같다.

북부 쿵스레덴 180km 지점

건너온 계곡물을 바라보니 '나는 너를 죽이려고 달려든 적이 없다'는 듯 뻔뻔하게 조용히 흐르는 물살에 오금이 저리고 소름이 끼쳤다. 겨우 한숨을 돌리고 보니 두랄루민 소재의 등산 스틱은 휘어져 있고 추위로 덜덜 떨렸지만 옷은 티셔츠 한 장밖에 남지 않았다.

저체온증을 막기 위해 한 장 남은 마른 티셔츠로 갈아입었지만 젖은 신발과 겉옷은 꽉 짜서 다시 입어야 했고, 그렇게 2시간을 더 걸어야 했다. 심장 소리가 귀에 들릴 정도로 흥분되어 있었다. 위험했지만 그 순간을 잘 이겨낸 나 자신이 대견스럽게 느껴졌다.

숲 속 길이 끝나고 잘 정돈된 도로가 나왔을 때, 다시 한 번 하나님께 감사 기도를 올렸다. 그러고도 그 자리를 한동안 떠나지 못했다. 여행의 추억으로 새기기에는 그 값이 너무 비쌌다. 죽다 살아난 그 순간을 되돌려 보니 차라리 그 계곡물을 건너지 말고 며칠 기다려 보는 게 어땠을까 하는 생각이 들었다. 식량도 일주일 이상 버틸 정도로 충분히 있었고 뒤에 몇몇 사람들이 올 수 있다는 것도 알고 있었으니 말이다. 조급해져서 위험한 계곡물을 건너는 것보다 여유를 가지고 그 순간을 기다렸다면 안전하게 빠져나올 수 있었을 것이다.

실제로 알레스야우레에서 돌아가는 길에 만났던 두 명의 트레커는 내가 건넜던 그 계곡물 앞에서 멈춰 섰고 점점 사람들이 모여들어 10명 정도가 되었을 때 함께 길을 찾다가 의견을 모은 끝에 응급 보트에 연락했다고 한다. 그리고 먼저 지나쳐 간 나를 찾기 위해 몇 십분

거친 계곡물 앞에서는 기다리거나 돌아가는 여유가 필요하다.

동안 주위를 살펴보았다고 한다. 그들과 나는 니칼루오크타에서 만났고 어떻게 그 계곡물을 건너왔는지 이야기하며 함께 시간을 보냈다.

니칼루오크타에 도착해서 이틀을 쉬는 동안 불어난 계곡물을 건넌 미친 한국인의 이야기는 오두막에 퍼졌고 트레커 사이에 유명인이 되었다. 덕분에 여러 나라 사람들과 대화를 나누고 그 중에 잠시 함께 걸어갈 동료도 사귈 수 있었다. 그리고 이곳의 별미인 순록버거를 놓치지 않고 맛보며 케브네카이세를 거쳐 싱이까지 도착할 수 있었다. 이 일이 추억과 교훈이 될지는 모르겠지만 언제까지고 잊을 수 없는 일임에는 분명했다.

북부 쿵스레덴 180km 지점

우리는 하나의 목표를 설정할 때 자신과 목표 사이에 보이지는 않지만 선을 그어 놓는다. 목표를 달성하기 위한 가장 빠른 지름길이다. 하지만 멀리서는 일직선으로 갈 수 있는 것처럼 보이는 길이 막상 걷다 보면 구불구불하기도 하고 장애물로 인해 돌아가기도 한다. 걸어가는 길이 목표에서 멀어지듯 돌아가다 보면 길을 잃을지도 모른다는 두려움을 갖게 되고 시간의 효율적 측면에서도 단순한 낭비로 인식하여 돌아가는 길은 바람직하지 않다는 생각을 하게 된다.

과정보다 결과에 중점을 두는 것이 우리들의 익숙한 시선이기에 또 그것이 맞는 것이라 생각하기도 한다. 하지만 놀랍게도 우리의 생각과는 다르게 목표를 성취한 사람들 중에도 지름길로 걸어간 사람은 흔치 않다. 지금은 국민 MC가 된 유재석의 데뷔 직후 10년간 무명생활 이야기는 우리가 잘 아는 돌아가는 길의 사례이다. 그는 10년 동안 동기들이 방송인으로 성공하는 모습을 보며 자신은 보이지 않는 곳에서 부족함을 채우기 위해 노력했다고 한다.

넬슨 만델라라는 남아프리카공화국의 최초 흑인 대통령을 아는가? 그는 흑인인권운동가이자 노벨 평화상 수상자로 많이 알려져 있지만 종신형을 선고 받고 27년을 아일랜드 감옥에서 복역했다는 사실은 잘 알려지지 않았다. 그가 걷고자 했던 길이 얼마나 멀리 돌아가는 길이었는지 자서전의 제목조차도 《자유를 향한 머나먼 여정》이다. 우리가 성공한 사람들의 모습을 멀리서 봤기에 성공의 길이 얼마나 험난했는지 알 수 없지만 그들이 걸어갔던 성공의 길은 결코 쭉 뻗은 직선 도로가 아니었다.

길지 않은 내 삶을 돌아보았다. 한 방향만을 바라보며 걸어온 일직선의 길은 결코 아니었다. 본래 목표로 삼았던 대학에 입학하지 못했고, 군 복무 또한 처음 지원했던 카투사에 불합격하여 공군으로 입대하게 되었다. 외교관이 되고자 했던 오래된 꿈도 생각처럼 되지 않았고 차선책으로 입사한 회사조차도 수많은 지원서를 제출한 끝에 마지막으로 합격한 곳이었다. 그리고 그마저도 집어던지고 나온 것이다.

현재 신입사원의 평균 나이는 27.5세, 내가 다시 직장 생활을 한다면 나는 2, 3년 그들보다 돌아가는 길을 택하는 것이다. 그런데 신기하게도 굽이진 이 길을 걸어올 때는 불안하고 두렵고 마땅치 않았는데 지금 돌아보니 제법 괜찮은 삶의 길이라는 생각이 든다. 오히려 그동안 돌아가는 그 길을 즐기지 못했던 게 아쉬울 따름이다.

왜 좀 더 대학교 친구들과 학교생활을 즐기지 못했을까? 외무고시를 그만두기로 결심한 후 왜 깊이 성찰하지 못하고 주변을 넓게 둘러보지 못했을까?

트레킹이라는 단어의 어원이 남아프리카 원주민들이 달구지를 타고 이동했다는 것에서 유래했듯 쿵스레덴 트레킹을 통해 천천히, 여유롭게 길을 돌아가는 법을 배우고 있었다.

북부 쿵스레덴 180km 지점

← 오두막의 드라이 룸, 물에 젖은 옷이 나 신발, 장비 등을 여기서 말릴 수 있다.

↑ 알레스야우레 오두막 리셉션, 쓰레기는 분리수거 하도록 쓰레기통이 나누어져 있고, 순록뿔로 내부를 장식하였다. 가게가 있는 오두막은 보통 리셉션 바로 옆에서 물건을 판다. 가게와 리셉션이 떨어져 있는 경우도 있다.

▲ 케브네카이세 가는 길 순록버거를 판매하는 유일한 가게

순록버거

▼ 니칼루오크타에서 만난 사람들과 함께하는 저녁 식사

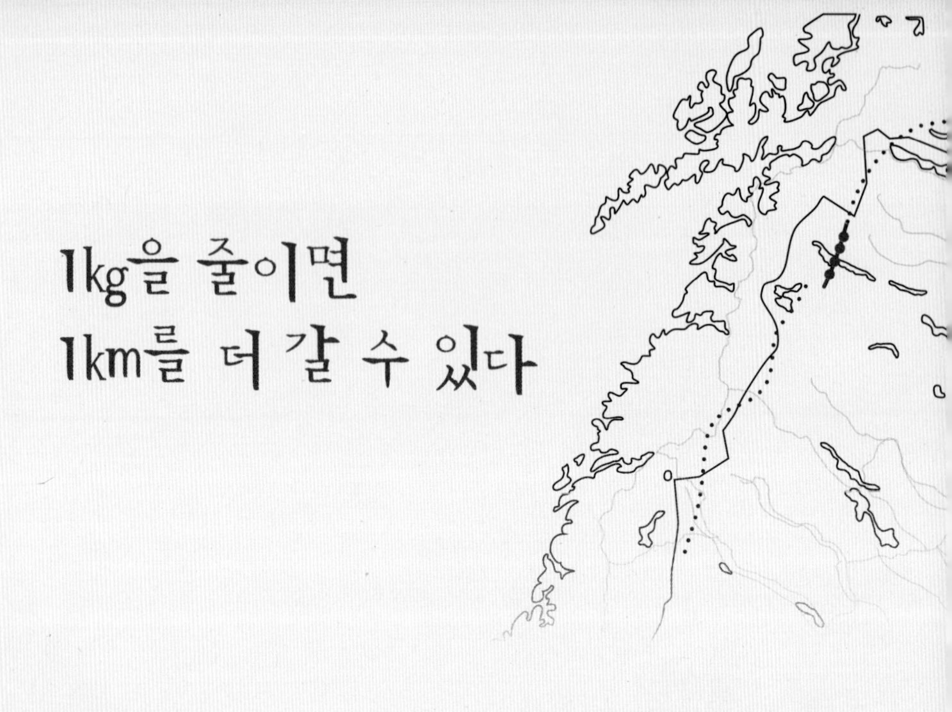

1kg을 줄이면 1km를 더 갈 수 있다

코스

싱이Singi 13km→ 카이툼야우레Kaitumjaure 9km→ 테우사야우레Teusajaure 15km→ 바코타바레Vakkotavare

"형, 어제 산에 가봤다면서요?"

"응, 그래도 곧 쿵스레덴에 가는 데 한 번 가 봐야지."

"어때요? 괜찮아요?"

"다른 건 몰라도

무릎 보호대는 꼭 준비해야겠더라."

∞

욕심이 적으면 적을수록 인생은 행복하다.
이 말은 낡았지만 결코 모든 사람이 다 안다고 할 수 없는 진리이다.

– 톨스토이

아비스코에서 출발한 지 8일째 되던 날 싱이에 도착했고 이틀에 걸려 바코타바레까지 가면서 적극적으로 짐을 정리해 나갔다. 하루에 15~20km를 20kg 이상의 배낭을 메고 날마다 걷는 일이 결코 쉽지 않았기 때문이다. '내일도 이렇게는 못 걷겠다. 이러다 최종 목적지에 도착하기 전에 쓰러지겠다'라는 생각이 들고 나서야 배낭을 열고 보물단지처럼 여겼던 것들을 버릴 수 있었다.

가장 먼저 버렸던 짐은 무릎보호대였다. 쿵스레덴에 오기 전 집 뒷산을 몇 번 올라갔더니 무릎에 통증이 느껴졌었다. 그 통증을 느끼며 무릎보호대는 없어선 안 될 필수품이라고 생각하여 의료용으로 단단히 준비했던 것이었다. 무릎보호대는 공간을 적잖게 차지했지만, 가

길은 어렵지 않았지만 맞바람이 치는 바람에 온종일 코를 훌쩍이며 걸었다.

벼웠고 감기약처럼 긴급 의료품으로 무릎이 아파지면 사용하려고 꾸역꾸역 배낭 옆 주머니에 넣고 다녔다.

그런데 그 험난했던 8일 동안 무릎이 아픈 적이 단 한 번도 없었다. 하루 12시간을 넘게 걸은 적도 있는데 말이다. 무릎보호대는 앞으로도 계속 무용지물이 될 것 같았고 실제로 그랬다. 나에게는 일고의 가치도 없는 물건이었다. 하루 20kg의 짐을 메고 다니면서 1g이라도 줄이고 싶었던 나는 단 한 번 착용해 보지도 않은 무릎보호대를 시원하게 쓰레기통에 버렸다. 쿵스레덴은 전반적으로 경사도가 크지 않아서 생각보다 무릎에 부담이 덜했다.

지니고 다니면서도 이해할 수 없었던 것은 집게 부분이 없어진 셀프 카메라 봉이었다. 칼바람 부는 날 핸드폰을 고정해주는 집게 부분이 벼랑 밑으로 떨어지면서 셀프 카메라 봉은 더 이상 제 역할을 하지 못했다. 하지만 무슨 미련이 남았는지 버리지 못하고 계속 가지고 다녔다. 진작 버렸어야 할 쓸모없어진 셀프 카메라 봉을 버린 후 오히려 지형물을 이용하거나 타이머와 동영상 스크린 샷 기능을 통해 사진을 찍었다.

이 외에도 먹지 않는 조미료, 구멍 난 양말, 백야기간에는 필요 없는 랜턴의 배터리 여분, 물집 방지 가루 등을 처분하면서 오로지 걷는 데 필요한 짐들로만 남겨두었다. 정리한 후 배낭에 있는 모든 물건들의 존재 가치는 확실해졌고 무게는 가벼워졌다. 무엇보다 가장 큰 변화는 더 이상 욕심 때문에 필요 이상의 짐을 넣거나 미련과 집착 때문에 지니고 다니지는 않았다는 것이다.

이렇게 물건을 처분하기 전의 배낭 속은 자본주의와 물질만능 시대에 무조건 더 많이 소유하려고 하는 현대인의 모습, 즉 내 모습과 흡사해 보였다. 부지불식간에 이렇게 습관화되어 있는 소유욕은 하루 20km 이상을 걸어야 하는 상황에서는 낭패를 불러일으키기 십상이다. 꼭 필요한 짐만을 정리해가면서 나의 삶에서 다이어트 해야 될 소유욕은 어떤 것인지 돌아보게 된 것이다.

물질 만능시대에 우리 삶은 무작정 가득 채운 배낭과 같아 보인다.

법정 스님은 《무소유》라는 책을 통해 절제된 삶을 예찬했다.

'무소유란 아무것도 갖지 않는다는 것이 아니라 불필요한 것을 갖지 않는다는 뜻이다. 우리가 선택한 맑은 가난은 부보다 훨씬 값지고 고귀한 것이다. 빈 마음, 그것을 무심이라고 한다. 빈 마음이 곧 우리들의 본 마음이다. 무엇인가 채워져 있으면 본 마음이 아니다. 텅 비

우고 있어야 거기 울림이 있다. 울림이 있어야 삶이 신선하고 활기 있는 것이다.'

욕심과 집착을 버리고 마음을 비웠을 때 우리는 내면의 울림을 느낄 수 있을 것이다. 한 번 상상해보라. 당신은 쿵스레덴에서 필요한 짐만을 등에 메고 걷고 있다. 욕심 낼 대상도 집착할 물건도 더 이상 없다. 마음은 절로 비워지고 그 안에 어떤 울림이 느껴지는지 듣기만 하면 된다.

내가 걸어야 할 속도

코스

바코타바레Vakkotavare 버스·보트 이동
살토루오크타Saltoluokta

"헤이, 영문!"

"헉헉, 왜?"

"좀 쉬었다 갈까?"

"아니 괜찮아."

"얼굴이 너무 울상이야, 얼굴 좀 펴. 하하."

∞

우리는 다양한 속도로 자신의 일을 시험해보고
어떤 속도가 가장 기분 좋은지를 찾아내어
인생에서 최적의 속도를 결정할 수 있다.

– 한스 셀리에

쿵스레덴을 걷는 사람들의 평균 속도는 시속 3km 정도 되는 것 같다. 체력이 좋거나 숙련된 사람이라면 시속 3.5~4km까지 속도를 내서 걷기도 한다. 처음 아비스코에서 출발할 때 나는 시속 3.5km로 길을 걸었다. 트레킹을 해본 적이 없었기 때문에 함께 출발한 독일 친구 마틴과 속도를 맞추느라 빠르게 걷게 됐다. 마틴은 나보다 키도 크고 다리도 길고 체력도 좋아서 항상 앞서 나갔다. 그의 속도를 억지로 맞추려다 보니 경보를 하는 것 같았고 금방 지쳐서 피로가 찾아왔다.

길은 갈수록 험해지고 더 많아진 돌들로 지면을 밟는 소리보다 돌에 걸리고 미끄러지는 소리가 더 자주 들렸다. 등산 스틱도 땅에 정확히 꽂히지 않고 울퉁불퉁한 돌에 부딪히다 보니 몸이 많이 흔들렸고 제대로 걸을 수가 없었다. 그 와중에 나를 제쳐가는 사람들을 보면서 다시 길을 앞서가겠노라 다짐하며 속도를 더욱 높였다. 뒤처지지 않기 위해 그들이 걸을 때 같이 걸었고 그들이 쉴 때도 걸었다.

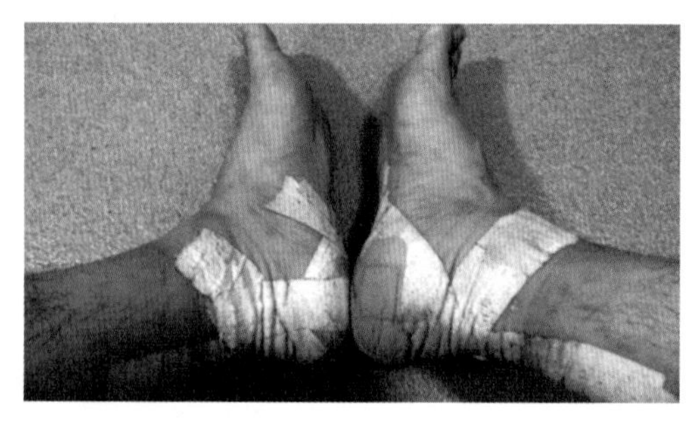

걸어야 할 속도를 찾지 못한 대가는 혹독하다.

결국 테우사야우레에서 바코타바레로 걷는 날, 아침부터 발에 통증이 느껴졌다. 왼발 뒤꿈치의 피부 깊숙한 곳에서부터 시작되는 통증이었다. 아킬레스건에 문제가 생긴 것이다. 딱딱한 등산화를 신어서 통증은 배로 느껴졌다. 다리는 더 이상 무거운 신발을 들어 옮길 힘이 없었다.

그날은 걷지 말고 테우사야우레에서 머물면서 쉬어야 했다. 하지만 전날 저녁에 만났던 디아나라는 여성과 함께 보트를 타고 출발하기로 약속했기 때문에 마음대로 쉴 수 없었다. 그녀는 남편과 함께 쿵스레덴에 왔는데 셰크티아를 넘어 오던 중에 남편이 눈 위에서 미끄러지면서 다리를 크게 다쳤다고 했다. 그래서 남편은 헬리콥터로 바코타바레 근처에 후송되었고 디아나는 함께 데리고 다니던 개 세 마리를 혼자서 이끌고 남편을 만나러 서둘러 가야 했다.

그녀는 안전을 위해 동행할 사람을 찾았고 나와 시기가 맞아서 함께 가기로 약속했다. 약속을 깨기에는 너무 미안한 상황이었다. 결국 못 간다는 말을 하지 못하고 다음날 함께 길에 올랐다.

문제는 바코타바레로 가는 길이었다. 가파른 오르막과 내리막이 있었고 언덕을 올라가면 눈이 수북이 쌓여 있지 않을까 생각했는데 가파른 언덕을 올라가니 예상대로 눈이 빈틈없이 덮여 있었다. 스노슈즈를 신은 디아나는 직선으로 눈 위를 가로질러 걸어갔고 나는 최대한 눈이 적게 쌓인 곳을 찾으며 지그재그로 디아나를 뒤쫓아 갔다. 발의 통증과 몸의 피로가 누적된 채로 십여 시간을 걷다 보니 발의 상태는 더욱 악화되었다. 주저앉고 싶을 때쯤 바코타바레에 도착할 수 있었다.

장시간의 수술이 끝나고 마취가 풀릴 때처럼 발의 통증도 얼음 마취에서 풀려갔고 녹아내리는 아이스크림처럼 다리가 풀려서 걸음새

테우사아우레에서 바코타바레로 가는 길, 설산과 디아나 그리고 세 마리의 개

의 형체를 알 수 없었다. 결국 실려가듯이 바코타바레에서 살토루오크타까지 버스와 보트를 타고 이동한 후에 발이 회복될 때까지 무려 나흘 동안 휴식을 취해야 했다.

살토루오크타에서 나흘이나 쉬게 된 이유는 내게 맞지 않는 속도로 걸었기 때문이다. 눈 위에는 앞서 간 사람들의 발자국이 남겨져 있곤 했는데 그 발자국을 따라서 걷다 보면 보폭이 달라 이내 발의 순서가 엉키고 말았다. 그 발자국은 나보다 키도 크고 다리도 긴 어떤 사람이 걸었던 길이었을 것이다. 다리의 길이에 따라, 트레킹 숙련도에 따라, 배낭의 무게에 따라, 장비의 종류와 성능에 따라 사람마다 걷는 속도는 다를 수밖에 없다. 내 상태와 상황은 고려하지 않은 채 상대방이 걷는 속도로 걸어가려고 했던 것은 황새를 따라가다 가랑이 찢어진 뱁새와 다름없는 일이었다. 여러 번의 시행착오 끝에 내가 걸어야 할 속도는 시속 2km라는 것을 깨달았고 꾸준히 내 속도를 지킨 덕분에 최종 목적지까지 도달할 수 있었다.

바코타바레에 도착하기 위해서는 밑에 강 근처까지 산의 급경사를 타고 내려가야 한다.

쿵스레덴에 오기 전 삶의 속도를 되돌아보면 주위 친구들이나 사회가 정해놓은 기준에 따라서 가속 페달을 밟았었다. 외무고시를 중도에 그만두고 어떻게 해야 할지 고민하고 있을 때 친구들이 취업 전선에 뛰어드는 모습을 보았고 그때를 놓치면 안 되겠다는 조급한 마음에 취업 동기나 방향은 구체적으로 정하지 않은 채 서두르기만 했다.

취업의 성공여부에 따라 승자와 패자로 나눠보는 시선 속에서 취업 준비생들은 하루라도 빨리 그 태풍 속에서 빠져 나오기 위해 안간힘을 쓰고 있다. 그건 마치 속도전과 같다. 취업에 성공하여 직장을 다니게 된다 할지라도 취업을 준비하면서 자신이 기회를 선택하는 것이 아니라 선택 받아야 한다는 것에 이미 대부분의 사람들은 마음에 상처를 입기 마련이다.

인생을 마라톤에 비유한다면 완주하는 사람은 누구보다 빠르거나 느린 사람이 아니라 자신의 속도를 찾은 사람일 것이다.

'맨발의 마라토너'라고 불리는 에티오피아의 아베베 비킬라 선수는 마라톤 대회에서 우승한 후 이렇게 말했다.

"나는 다만 달릴 뿐이다. 나는 남과 경쟁해 이기는 것보다 자신의 고통을 이겨내는 것을 언제나 생각한다. 고통과 괴로움에 지지 않고 마지막까지 달렸을 때, 그것은 승리로 연결되었다."

그는 타인과 자신의 속도를 비교한 것이 아니라 자신이 낼 수 있는 속도의 한계에 도전했던 것이다. 1960년 로마 올림픽에서 흑인은 장거리에 약하다는 편견을 깨고 신발조차 신지 않은 채 아프리카 흑인 사상 최초로 금메달을 획득했으며 두 번이나 올림픽 마라톤 신기록을 갈아치운 에티오피아의 국민 영웅이 될 수 있었던 이유다.

자연 속 생명체들도 자신의 속도를 잘 알고 있다. 꽃이 피고 지는 것은 종류마다 때가 다르며, 가을날의 단풍 또한 제각각의 속도로 지기 마련이다. 누가 먼저 피고 져야 하는지 경쟁하지 않는다. 때를 기다릴 뿐이다. 치타는 사냥을 할 때 무려 시속 132km까지 속도를 내는데 이 속도를 유지할 수 있는 것은 200~300m 거리까지이다. 그 이상을 달리면 체온이 급속하게 올라가서 생명에 지장이 오기 때문이다. 그렇다고 속도를 낮추면 그 빠른 영양을 300m 거리 내에서 잡을 수 없다.

당신은
삶의 속도를
무엇에 맞추고 있는가?

비로소 흐르는 눈물

코스

살토루오크타Saltoluokta 20km → 시토야우레Sitojaure 13km →
악츠에Aktse 22km → 포르테Pårte 17km → 크비크요크Kvikkjokk

"가족을 부탁한다, 영문아."

∞
울지 않는 청년은 야만인이요, 웃지 않는 노인은 바보다.

– 조지 산타아나

숨을 못 쉬도록 웃어본 게 언제였지? 화가 나서 온 몸으로 화를 표출해 본 게 언제였지? 좋아하는 장난감을 빼앗긴 아이처럼 서럽게 울어 본 게 언제였지? 어느 순간부터 마음껏 웃지도 울지도 못하게 되었고 가슴 안에 담긴 감정들은 고인 물처럼 썩어갔다.

살토루오크타에서 사흘을 쉬었지만 발의 통증은 나을 기미가 없었다. 어쩌면 종주는커녕 곧 한국으로 돌아가게 될지도 모른다는 걱정이 들었다. 그때부터 간절한 소망은 종주에 앞서 당장 내일 1km라도 걷는 것이었다. 살토루오크타에서 나흘을 내리 쉬면서 얼음 마사지와 테이핑으로 아킬레스건 통증을 완화시켰다. 완전히 낫지는 않았지만 걸을 수 있을 정도는 되었고 더 이상 지체하기는 싫었다. 목표를 향해 걷는 사람에게 쉬는 건 걷는 것보다 어려운 일이었다.

누가 저 산을 베어놨을까.

5일 째 되던 날 조심스럽고 정성스럽게 등산화 끈을 고쳐 매고 쿵스레덴 길 위에 다시 발을 올렸다. 출발한 지 채 한 시간도 안 되어 가파른 오르막이 눈앞에 펼쳐졌고 그곳을 오르는 동안 내 모습은 등산 스틱을 짚고 트레킹하는 사람이 아니라 목발을 짚은 환자 같았다. 하지만 그런 순간에도 원하던 길을 걸을 수 있어서 행복했다. 경사진 땅을 두어 시간 걷다 보니 어느새 나무숲들이 사라지고 시선이 탁 트이는 언덕길로 이어졌다. 그 날의 가징 힘든 구간은 초반의 가파른 언덕이었기 때문에 고지가 눈앞에 보이자 이내 긴장이 풀렸다.

표지판 없는 여러 갈래 길에서 사람들이 많이 지나다닌 흔적이 보이는 넓은 길을 따라갔다. 길 앞에는 세모난 산 밑동을 누군가가 수평으로 베어낸 듯 널찍한 사다리꼴의 산언덕이 떡하니 놓여 있었다. 신기한 경치에 취하며 천천히 그러나 부지런히 걸었다.

산의 모습에 취해 한참을 걷다가 갑자기 알 수 없는 불안감이 몸을 훑고 지나갔다. 분명 남쪽 방향으로 가야 하는데 길은 끝없이 서쪽으로 이어지고 있었던 것이다. 지도를 펼쳐보기도 하고 GPS를 확인해 보니 쿵스레덴 코스에서 3km 벗어난 지점에 내 위치를 가리키는 파란 불빛이 반짝였다. 뒤를 돌아보고 다시 확인하며 주위를 살펴보았지만 어디서부터 길을 잘못 들어섰는지 알 수 없었다.

돌아가기에는 너무 멀리 왔다는 생각에 현재 위치에서 쿵스레덴 코스를 향해 일직선으로 가로질러 가기로 결정했다. 보기에는 발목 정도로 자란 풀, 덤불, 작은 나무들이 있어서 걷기 쉬울 것 같았지만 막상 그 곳은 작은 수풀을 가장한 진창길이었다. 물 먹은 솜이불을 밟는 것처럼 발이 바닥으로 푹 꺼지고 풀 밑에 고여 있던 물이 발목까지 차올라서 엉거주춤 뛰기도 하고 다리를 벌려가며 돌 위를 걷기도 했다.

겨우 본래의 코스로 돌아왔을 때 매트를 깔고 그대로 뻗어버렸다. 하지만 20km를 걸으려고 계획했던 그날 하필 길을 잃고 시간을 허비했다는 생각에 더 이상 지체할 수 없었다. 잠시 쉰 후 곧바로 출발하여 열 시간 정도를 걷고 쉬기를 반복하며 16km 지점까지 왔을 때에는 너무 지쳐서 쉴 곳을 찾아 두리번거렸다.

마침 누군가가 스팽(길 위에 깔아 놓은 자작나무로 만든 널빤지)으로 간단하게 만들어 놓은 벤치가 보여 짐을 내려두고 앉아서 한숨을 돌리며 몇 시간 만에 선글라스를 벗었다. 눈 쌓인 언덕 위에서 강렬한 햇살이 쏟아져 들어왔다. 그 빛은 단숨에 각막을 꿰뚫고 지나가 섬광처럼 한 사람을 떠올렸다.

쉬고 싶은 곳에 잘 자리 잡은 스팽으로 만든 벤치

쿵스레덴 트레킹의 계기가 되었던 사촌 형이었다. 내가 취업을 하자 새로운 회사생활에 쉽게 적응할 수 있도록 밥과 술을 사주면서 힘이 되어준 사람. 그는 가족의 소중함을 알고 가족을 사랑하며 주위 사람을 행복하게 만드는 신기한 힘을 지닌 사람이었다. 야근을 하고 피곤한 몸으로 퇴근하는 날에도 사촌 형을 만나 이야기를 하고 나면 스트레스가 사라졌다. 하지만 그런 사촌 형이 갑작스럽게 떠나고 만 것이었다.

소중한 사람과의 예고 없는 이별은 깊은 슬픔과 상실감을 가져왔다. 장례식장에서조차 마음껏 울 수도 없었다. 흘리는 눈물만큼 주위 누군가에게 더 큰 슬픔으로 전이될 수 있음을 알았기 때문이다. 아니 그의 죽음을 인정하고 싶지 않았을지도 모른다.

가끔 참지 못해 눈물이 흘러나올 때는 단호하게 빗장을 걸어 잠갔다. 한 가지 큰 아쉬움은 유언을 남기고 이별할 수 있었던 사람들과 달리 그는 말 한 마디 남길 기회가 없었다는 것이다. 퇴사를 한 후 쿵스레덴을 걷기로 결심했을 때 친구에게 부탁해 사촌 형의 사진을 3D로 프린팅을 해 가슴에 품고 걸었다. 그런데 쿵스레덴의 햇살이 그의 못다 한 말을 담아왔다.

"가족을 부탁한다, 영문아."

지치고 힘든 무념무상의 공허함 속으로 그의 말은 가슴을 꽉 차게 울리며 깊이 담아 놓았던 눈물이 추억과 함께 쏟아져 나왔다. 인기척

악츠에로 가기 위해 넘어야 하는 언덕. 코가 땅에 닿을 듯 무게 중심을 앞에 두고 언덕을 올랐다. 경사가 가팔라서 몸이 뒤로 젖혀지거나 뒤를 돌아보면 언덕 아래로 고꾸라질 것 같은 기분이었다.

조차 없는 그곳에서 굳이 참아야 할 필요가 없었다. 그동안 잠가 두었던 감정의 수문이 열리면서 묵혀 두었던 만큼 오열과 함께 끝없이 눈물이 흘러 내렸다. 짐을 메고 걸어가는 내내 선글라스조차 눈물을 가리지 못했다. 한 시간을 넘도록 울음을 쏟아내고 나자 슬픔을 비워낸 듯 가슴은 한결 가벼워졌다. 이제 사촌 형을 떠올리면 가슴 한 켠에 접어 두었던 무거운 슬픔보다 함께했던 많은 추억이 먼저 다가올 것 같았다.

코를 훌쩍이며 5km를 더 걸어서 목적지인 시토야우레에 도착했다. 실컷 울고 난 뒤라 텐트를 칠 기운도, 모기떼와 다툴 힘도 없어서 오두막 안에서 자기로 했다. 오랜만에 따뜻하고 푹신한 침대 위에서 편안하고 깊은 잠에 빠져 들었다.

브로니 웨어는 죽음을 앞둔 노인들을 간병하면서 들은 삶의 이야기를 책으로 펴낸 《내가 원하는 삶을 살았더라면》을 통해 '죽을 때 가장 후회하는 5가지'를 정리하였다. 내가 원하는 삶을 살지 못한 것, 너무 열심히 일만 했던 것, 친구들과 계속 연락하고 지내지 못했던 것, 나 자신에게 더 많은 행복을 허락하지 못했던 것, 그리고 내 감정을 표현할 용기가 없었던 것이다. 어떤 사람은 마음을 터놓을 용기가 없어서 순간순간의 감정을 꾹꾹 누르며 살다 병을 만들기도 한다.

인간관계는 상황에 따라서 자신의 감정을 숨기거나 다르게 표현을 해야 할 때가 있다. 자신은 면접에 합격했더라도 친구가 면접에 떨어졌다면 자신의 기쁨보다 친구의 슬픔을 보살펴야 하는 것처럼, 자신이 해낸 일의 성과를 상사가 낚아채 화가 치솟더라도 화를 내기는커녕 아쉬운 소리 한 마디 제대로 내뱉지 못하는 것처럼, 그리고 승진 시험에 떨어졌어도

승진 시험에 붙은 동료들을 위해 축하해 주어야 하는 것처럼 말이다. 어떤 상황에서든 감정을 있는 그대로 드러내는 사람은 성숙하지 못한 사람으로 평가되기 때문에 솔직한 자신의 감정을 표현하기 힘들다.

물론 사회생활 속에서 감정을 모두 표현할 수는 없지만 적절히 자신의 감정을 인식하고 표출할 기회도 필요하다. 감정을 조절하고 통제만 한다면 진실한 자신의 모습에서 점점 멀어지고 자신의 정체성에 의구심을 갖게 될 것이다. 감정을 다스리라는 충고는 무조건 참으라는 얘기가 아니며 자기 자신과 타인에 대한 공감과 적절한 감정 조절이 필요한 정서지능을 두고 하는 말일 것이다.

악츠에 가는 길에 가파른 눈길을 올라갔더니 생각지도 못한 갈색 들판이 군데군데 돌을 품고 드넓게 펼쳐져 있었다.

Tip 아비스코Abisko ~크비크요크Kvikkjokk

아비스코Abisko → 아비스코야우레Abiskojaure → 알레스야우레Alesjaure → 셰크티아Tjäktja → 셀카Sälka → 싱이Singi → 카이툼야우레Kaitumjaure → 테우사야우레Teusajaure → 바코타바레Vakkotavare → 살토루오크타Saltoluokta → 시토야우레Sitojaure → 악츠에Aktse → 포르테Pårte → 크비크요크Kvikkjokk

∞ 약 180km에 해당하는 거리로, 날씨가 괜찮다면 전반적으로 무난한 코스이다. 아비스코에서 싱이까지는 피엘라벤 클래식 코스와 겹치는 구간으로 북부 쿵스레덴 코스 중에 가장 높은 구간인 1,140m 셀카를 지나는 동시에 광대한 협곡과 같은 가장 아름다운 자연경관을 감상할 수 있는 곳이기도 하다. 바코타바레와 살토루오크타, 크비크요크는 외부로 벗어날 수 있는 버스가 다니기 때문에 부담 없이 걸을 수 있다.

∞ 알레스야우레에 도착하게 되면 셰크티아로 갈 수 있는 길과 니칼루오크타로 갈 수 있는 길로 나뉜다. 셰크티아는 북부 쿵스레덴에서 가장 높은 셀카 패스를 지나서 그대로 쿵스레덴을 따라가는 코스이고, 니칼루오크타는 보통 외부에서 케브네카이세(스웨덴의 가장 높은 산)에 가기 위해 사람들이 먼저 들르는 장소이다. 쿵스레덴의 피엘라벤 클래식 대회가 시작되는 곳도 바로 니칼루오크타이다.

● 왜 왕의 길이라 부르는가?

쿵스레덴을 관리하는 STF에 직접 문의해서 얻은 내용을 소개하자면, 1900년 스웨덴 관광 협회(Swedish Tourist Association, STF)는 쿵스레덴을 만들기 시작했는데, TF 연감에 따르면 STF의 총재인 로우이스 아멘(Louis Améen)과 협회가 지도 위에 토르네 트래스크(Torne Träsk)와 크비크요크(Kvikkjokk) 사이에 선을 긋고 '라플란드 산악지대를 관통하는 로열 로드가 될 것'이라 말했다고 한다.

셰크티아로 가는 길이 여의치 않을 경우 니칼루오크타를 통해서 돌아갈 수 있다. 거리는 54km가 늘어나지만 쿵스레덴의 명물인 순록버거와 케브네카이세를 만날 수 있다.

∞ 바코타바레에서 살토루오크타까지 가려면 버스를 타고 배로 갈아타야 한다. 하루 두 번 있는 93번 버스를 타고 선착장에 내리면 시간에 맞춰 배가 운행한다. 버스 요금은 40크로나 정도이고 배 삯은 100~150크로나이다.

∞ 살토루오크타, 시토야우레, 악츠에에서 출발할 때는 보트를 타야 한다. 전날 미리 예약하길 바란다. 비용은 회원증 유무와 인원수에 따라 바뀔 수 있다. 카드는 받지 않고 현금으로 150~400크로나이다. 회원증은 STF와 유스호스텔 회원카드, 둘 다 유효하다. 연간 3만 원 정도의 비용이지만 숙소나 보트 등 STF시설을 이용할 때 할인율이 크기 때문에 챙겨가길 바란다.

바코타바레 앞에서 살토루오크타 혹은 도시로 나가기 위해 93번 버스를 기다리는 사람들

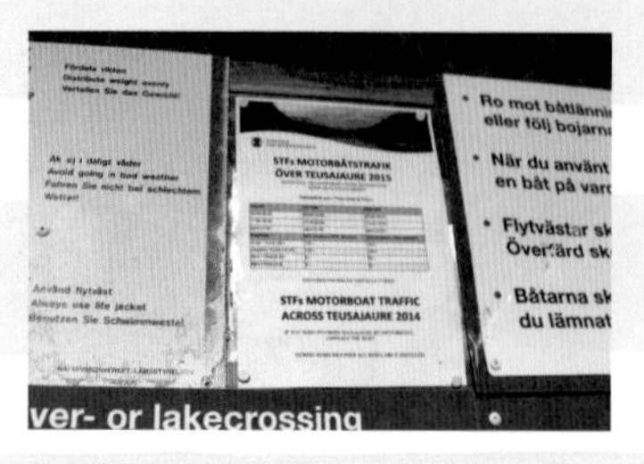

테우사야우레에 붙어 있는 모터보트 이용시간표, 오두막 주인과 합의하여 모터보트 이용시간을 조정할 수도 있다.

∞ 보트 사용법은 기본 세 대의 보트가 있다. 보트를 타고 건널 때는 보트를 타고 출발한 지점에 한 대를 남겨 두어야 한다. 즉, 보트를 타려고 하는데 두 대가 대기 중이라면 그 중의 한 대를 타고 건너면 끝이다. 하지만 한 대만 대기 중이라면 타고 가서 반대편에 있는 한 대를 뒤에 묶어서 끌고 온 다음, 한 대를 남겨두고 다시 건너가야 한다. 만약 강 너비가 4km라면 운이 없을 경우 총 세 번, 12km의 거리를 노를 저어야 한다. 그래서 보통은 돈을 내고 모터보트를 타고 강을 건넌다.

∞ 이 구간은 하루 거리에 오두막이나 스테이션이 존재하기 때문에 텐트가 없어도 걸을 수 있다. 그리고 하나 건너 하나 식으로 오두막에 가게가 있어서 2~3일치 식량만 메고 다녀도 식사를 해결하는 데 무리가 없다.

악츠에 도착

∞ 6월 중순에 스웨덴에서는 백야Midsummer 파티를 연다. 크리스마스만큼이나 큰 축제라고 하니 일찍 간다면 파티와 백야 두 마리 토끼를 잡을 수 있다. 백야는 7월이 넘어서까지 지속된다. 하지만 6~7월에는 모기가 들끓고 8~9월 사이는 백야는 사라지지만 모기가 적다고 하니 취향에 맞추어 선택하길 바란다.

↑ 모기 퇴치법 설명

↑ 길을 가로막는 철문. 쿵스레덴을 걷다 보면 철문 혹은 나무 기둥이 길을 가로막고 있을 때가 있다. 그럴 땐 당황하지 말고 그대로 열고 지나가면 된다.

↑ 크비크요크에 도착

↑ 몸에 모기장을 달고 포르테로 향하는 독일 청년. 악츠에부터 크비크요크까지는 모기가 극성을 부려서 독일 청년처럼 방충망을 쓰고 걸어야 했다. 하지만 크비크요크에 도착하면 다들 몸 어딘가에 쿵스레덴산 모기의 흡혈 낙인을 받아 왔다.

↑ 크비크요크에 도착했을 때 먼저 도착한 트레커들이 이곳 홀에서 맥주 잔을 들고 크게 반겨 주었다. 이곳을 목적으로 쿵스레덴을 걷는 사람들도 많기 때문이다. 그들과 함께 나도 맥주를 마시며 회포를 풀었다.

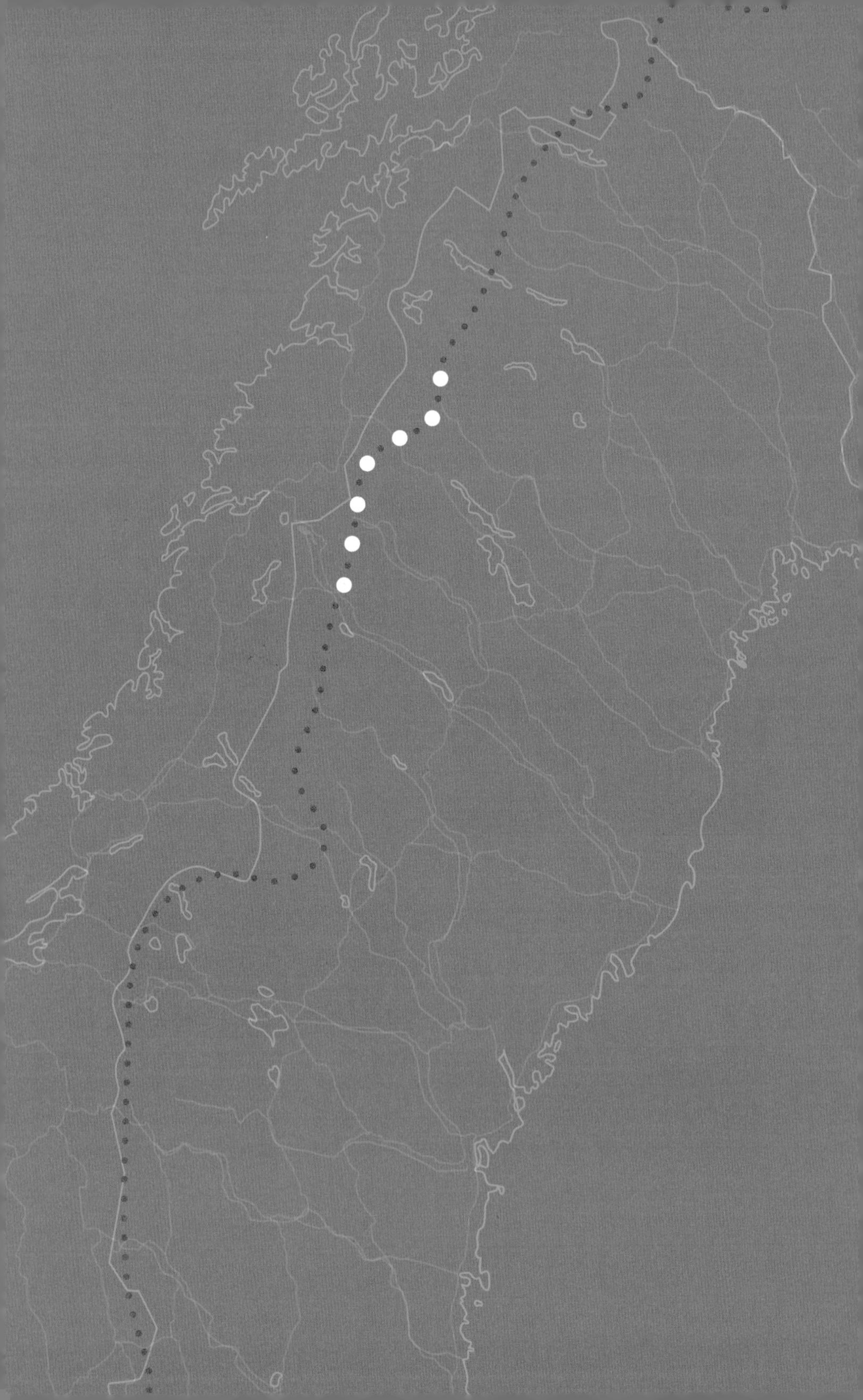

03
북부 쿵스레덴
450km 지점

의지하고, 의지되는 관계

코스

크비크요크Kvikkjokk 15km → 트시엘레키아카Tsielekjahka 18km → 이스토야브라시Gistojävratj 20km → 바라크시아카Baraktjahkka 13km → 부오나시비켄Vuonatjviken 27km → 예크비크Jackvik

"진짜, 형이 없었으면 어쩔 뻔 했어."

"나도 너 없으면 큰일 날 뻔 했다."

∞

사람에겐 사람이 필요하다.

– 라빈드라나드 타고르

크비크요크 오두막 홀에 앉아서 인터넷을 연결하려고 핸드폰을 만지작거리고 있는데 낯설지 않은 발음이 귀에 들렸다.

"익… 익스큐스미."

누가 들어도 한국인의 정직한 영어 발음이었다. 그래도 한국인이 크비크요크에 있을 확률이 거의 없었기 때문에 무시한 채 하던 일을 계속 했다. 그런데 옆에서 갑자기 "저기요!" 하는 남자 목소리가 들려 재빨리 고개를 돌렸다. "한국인 맞죠?"라는 그의 질문에 얼마나 반가웠던지 살면서 가장 빠른 통성명을 한 것은 그때가 아니었을까 싶다. 이름, 나이, 언제 이곳에 왔고, 어떻게 알고 왔는지, 며칠이나 걸었고, 왜 왔는지 등등 궁금한 것들을 쉴 새 없이 서로 물었다. 그의 이름은 경식이였고 그 역시도 북부 쿵스레덴을 종주할 계획이었다. 처음 본 순간부터 당분간 함께 걸어가야겠다고 서로 생각했을 것이다.

크비크요크 다음 구간은 지금까지와는 많이 달랐다. 대부분 12~20km를 걷는 하루 거리마다 오두막이 있고 이틀이면 식량 구입이 가능하던 이전과는 달리 예크비크에 도착하는 5일 동안 오두막도 가게도 전혀 볼 수 없는 길을 걸어야 했다.

여기서부터는 텐트나 침낭같이 캠핑을 위한 준비가 되어 있는 사람만이 지나가기에 가능한 구간이었다. 예크비크에 도착하더라도 이틀 정도 걷고 나면 또 다시 오두막이 없는 긴 구간이 이어졌다. 트레킹을 하면서 만나게 되는 사람도 하루에 한두 팀 정도였고 아무도 만나지 못하는 날도 있었다. 그래서 다른 어느 구간보다도 준비를 철저히 해서 걸어가야 하는 곳이다.

가장 큰 두려움은 며칠 동안 사람을 만나지 못할 가능성이 크다는 것이었다. 야생의 길을 걷는 그곳에서 크고 작은 부상이나 사고는 수

시로 발생할 수 있다. 전에 내가 물에 빠졌을 때처럼 계곡을 건너다 사고가 날 수도 있고, 가파른 암벽을 내려가다가 미끄러져 낭떠러지로 떨어질 수도 있다. 늑대나 곰 같은 야생 동물의 습격 가능성에 대해서도 생각하지 않을 수 없다. 조금이라도 일어날 가능성이 보이는 사고들에 대해 상상하다 보면 혼자 걷는 두려움이 발목을 잡기도 했다.

또 다른 문제는 앞으로 나아갈 길에 대한 정보를 전혀 찾을 수 없었다는 것이다. 삼 일이나 쉬면서 정보를 모아 봤지만 아는 거라곤 반대로 걸어왔던 사람도 있었으니 가는 데도 괜찮을 거라는 막연한 추측뿐이었다.

그때 나보다 한 살 많은 경식이 형이 내 앞에 등장한 것이다. 그 역시도 정보가 전혀 없었기에 자연스럽게 우리는 함께 걷기로 결정하였다.

이제 와서 생각해 보면 우리는 처음부터 서로에게 당당했는데 그 이유는 180km 정도 되는 거리를 혼자서 걸어왔다는 것 자체가 누군가에게 기대지 않고 스스로 문제를 해결했다는 자신감 때문이었다. 놀랍게도 둘 다 트레킹이 처음인 초보 트레커였지만 이제 하나가 아닌 둘이라는 사실에 두려움이 가시고 마음이 든든해졌다.

걸을 때는 노래를 같이 부르거나 쉴 때는 이야기를 나누며 사이가 점점 친밀해졌고, 길도 우리 사이만큼이나 가깝게 느껴졌다. 시간이 갈수록 길은 알 수 없는 두려운 곳에서 맘 놓고 노는 놀이터가 되어갔다. 한 번은 서로의 짐을 확인하면서 폭소하지 않을 수 없었는데 서로의 짐이 너무도 흡사했기 때문이다. 쿵스레덴에 대한 정보가 한정적이어서 같은 사이트의 정보를 참고해서 짐을 꾸려왔던 것이다. 그중에 경식이 형의 불만이 가장 컸던 것은 미역국이었다.

한참을 걷다가 발에 찬 땀을 식히기 위해 신발을 벗고 쉬고 있다.
함께라면 두려울 것이 없는 경식이 형(좌)과 나(우).

배낭의 무게를 최소한으로 줄이는 한 가지 방법은 식사를 최대한 간단하게 하는 것이다. 우리는 잘게 부순 라면이나 밥과 국으로 끼니를 때웠기 때문에 국의 종류가 중요했다. 블로그에서는 미역국을 하나의 사례로 들었고 그것을 보고 그는 약간의 카레와 라면 스프를 제외하고 미역국만 많이 가져온 것이다. 며칠 내내 먹은 미역국에 이미 물릴 대로 물려 있었으나 어쩔 수 없이 매일 저녁 미역국을 끓여 먹는 슬프고 우스운 일을 경험할 수밖에 없었다.

쿵스레덴에서 주로 만든 아침식사.
오늘은 비프 맛 스프를 넣은 소시지 죽이다.

경식이 형과 동행하면서 단순히 즐거웠다는 것 외에도 비로소 할 수 있는 일이 있었다. 바로 불을 피우는 일이었다. 혼자서 몇 번을 시도해봤지만 트레킹 도중에 불 피우는 일은 쉽지 않았다. 오두막이나 피신처처럼 이미 모여 있는 땔감으로 불을 피우는 것과 달리 숲 속에서 불을 지피려면 마른 나무를 모아야 하고 적당한 장소를 만들기 위해 바쁘게 움직여야 했다.

숙련된 사람이라면 혼자서도 가능했겠지만 불 피우기 초보자였던 우리는 2인 1조를 이루어서야 겨우 해낼 수 있었다. 마침내 쿵스레덴을 걸으며 처음으로 민둥산 언덕에서 불을 피우는 데 성공했고 함께 피운 불은 더없이 우리를 따뜻하고 행복하게 만들어 주었다.

트시엘레키아카를 지나서 경식이 형과 함께 맞은 백야의 밤. 이날 우리는 처음으로 야생에서 불을 피웠다.

불 피우는 일 외에도 서로 원하는 곳에서 원하는 자세로 사진을 찍을 수 있었고, 길을 잃어버려도 크게 당황하지 않고 금세 찾아 돌아올 수 있었다. 부족한 식량과 물품은 서로 나누었고 가끔 외국인을 만나면 의사소통을 하거나 정보 수집하는 일은 내가 담당하고, 해병대 출신의 체력이 좋은 경식이 형은 앞장서 나가면서 길을 안전하게 이끄는 역할을 담당했다.

보트를 타고 건너야 할 구간에 이르렀을 때 보트가 한 대밖에 없었던 탓에 번갈아 가며 세 번을 왔다 갔다 해야 했다. 우리는 서로에게 의지하며 쿵스레덴의 가장 힘들고 위험한 구간을 함께 극복했다.

혼자만의 힘으로 큰 고비를 넘기거나 위대한 업적을 이루기는 쉽지 않다. 한국 축구 경기 중에 우리가 가장 열광했던 순간이라면 단연 2002년 한일월드컵일 것이다. 우리나라 축구 역사상 최초로 월드

반대쪽에 있는 보트를 끌고 올 때는 이처럼 밧줄로 연결하면 된다.

컵 4강 신화를 썼고 전 국민이 열광의 도가니에 빠져서 한국 축구에 대한 열기와 관심은 이후 급상승했다.

축구는 11명의 선수가 한 팀으로 경기장에서 뛰면서 상대 팀과 승부를 겨루는 경기로, 공격수, 미드필더, 수비수 그리고 골키퍼 모두 각자 정해진 역할이 있다. 공격수가 수비수를 믿지 못하고 수비를 하러 들어오거나 수비수가 골 욕심을 내면서 수비는 하지 않고 공격을 한다면 엉망진창인 팀이 될 것이다.

경기가 위기에 처할수록 서로의 역할을 신뢰하고 의지해야 승리라는 목표를 달성할 수 있다. '팀보다 위대한 선수는 없다'라는 스포츠계의 오래된 격언은 이를 두고 한 말일 것이다. 한 사람의 업적으로 보이지만 실은 뒤에 이를 가능케 한 조력자가 숨어 있는 경우도 있다. 2010년 미국 미식축구리그 볼티모어 레이브슨에 1순위로 지명되어 5년 동안 157억 원의 연봉계약을 맺으며 오펜시브 태클로 활약하는 마이클 오어 선수의 이야기다. 그는 어린 시절 약물중독자인 엄마와 강제로 헤어지고 여러 가정을 전전하며 성장했다. 남다른 체격과 운동신경이 있었지만 성적 미달과 급기야 먹고 자야 할 곳을 찾는 처지가 되었다. 그런 그에게 전혀 모르는 리 앤 가족이 다가와 물심양면으로 그를 보살피고 지원해 주어 마이클은 세계적인 미식축구 선수로 거듭나게 됐다.

어쩌면 자신의 인생에서 가장 위대한 업적은 보이든 보이지 않든 누군가에게 의지하고 서로 함께함으로써 만들어내고 있는지도 모른다.

북부 궁스레덴 450km 지점

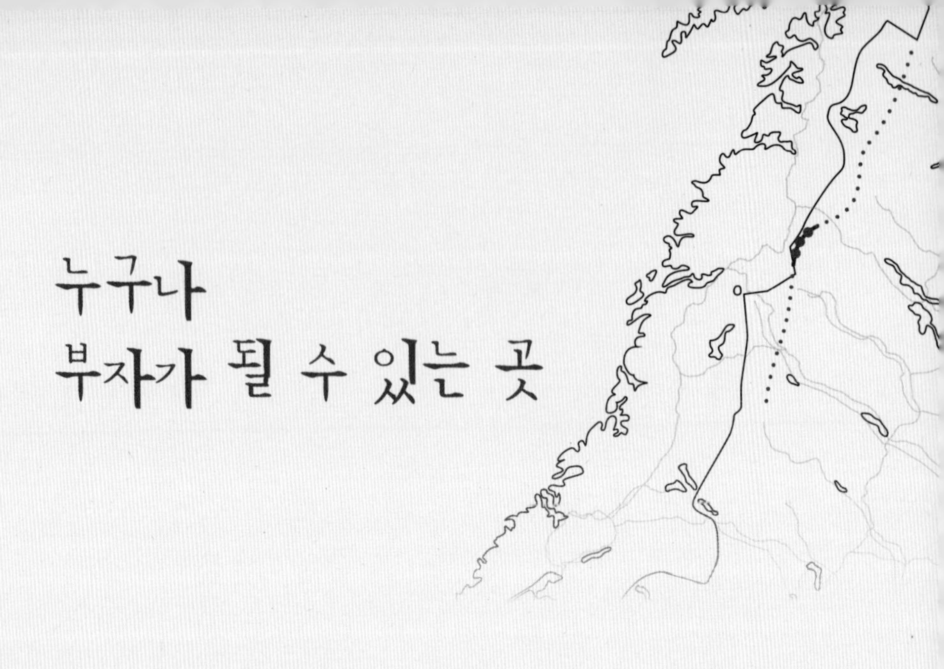

누구나
부자가 될 수 있는 곳

코스

예크비크Jackvik 8km → 피엘예카이세Pieljekaise 14km →
아돌프스트룀Adolfström

"영문아, 태양 떴는데 배터리 충전 안 해?"

"난 아직 보조배터리가 꽉 차 있어서 괜찮아."

"오, 완전 부자네. 전기 부자."

"그러면 형은 물 부자네. 하하."

∞

만족할 줄 아는 사람은 진정한 부자이고,
탐욕스러운 사람은 진실로 가난한 사람이다.

– 솔론

쿵스레덴에서 가장 필요한 것은 무엇일까? 바로 전기와 물이다. 각종 전자 기기를 사용하기 위해 전기는 꼭 필요하다. 나는 특히 핸드폰을 자주 사용했다. 길을 잃어버려서 GPS를 켜야 할 때, 사진을 찍을 때, 매일 일기를 쓸 때, 걷다가 지루해서 음악을 들을 때, 잠자기 전에 다운 받아 놓은 전자책을 읽을 때, 한국어를 스웨덴어로 번역하거나 스웨덴어가 무슨 뜻인지 사전으로 찾아볼 때, 고장 난 손목시계 대신 시간을 확인할 때, 새벽에 일찍 출발하기 위해 알람을 맞춰 놓을 때, 어두운 곳에서 빛을 밝힐 때, 한국에 있는 가족, 친구들과 연락할 때, 인터넷에서 필요한 정보를 찾을 때 등 전부 핸드폰을 이용했다.

만능 해결사인 핸드폰의 배터리는 급속도로 소모되었고 예비 배터리를 가져갔어도 3일 안에는 충전해야 다시 쓸 수 있었다. 하지만 스

테이션 규모의 오두막이 아니면 사실상 충전하기가 힘들었다. 작은 오두막들은 친환경적으로 운영되기 때문에 전기를 공급받을 수 있는 여건이 되지 못했다. 대부분의 스테이션급 오두막은 일주일 이상 걸어야 도달하는 거리에 위치해 있기 때문에 한국에서 미리 알고 휴대용 태양광 충전기를 준비해 갔던 것이다. 짐을 챙길 때만 해도 태양광 충전기가 이렇게 요긴하게 사용될 거라고 생각하지 못했다.

쿵스레덴에서 충전을 하려면 일주일 이상의 기간을 두어야 한다. 만일 태양광 충전기가 없었다면 3일이면 바닥나는 배터리를 붙잡고 사진 한 장도 아껴서 찍어야 하고 밤에 여유롭게 사색에 잠겨 일기를 쓰거나 책을 볼 틈도 없었을 것이다. 언제 닥칠지 모르는 재난 상황에 대비하기 위하여 구조요청을 위한 통신용 배터리양은 충분히 남아 있는지 불안한 마음으로 자주 확인하며 걸어야 했을 것이다.

다행히 태양광 충전기를 가져갔기 때문에 언제든지 필요한 만큼 배터리를 채울 수 있었고 원하는 만큼 핸드폰을 사용할 수 있었다. 태양만 떠 있다면 돈 한 푼 없어도 전기를 사용할 수 있었다. 함께 걸었던 경식이 형 역시 태양광 충전기를 가져왔고 항상 가득 차 있는 배터리를 보면서 서로를 전기 부자라고 불렀다. 나는 전기 부자일 뿐만 아니라 물 부자이기도 했다. 가져간 물통은 겨우 800ml를 넣을 수 있는 작은 용량이었지만 그 작은 물통은 800km를 걷는 동안 충분한 도움을 주었다. 그만큼 쿵스레덴에서 물을 구하기란 어렵지 않았다.

아돌프스트룀 가는 길에 배낭에 기대어 눈을 잠깐 붙였다.

눈이 녹아 흐르는 물, 빗물, 호숫물, 계곡물, 강물 등 못 마시는 바닷물 빼고는 모두 그곳에 있었다. 더군다나 휴대용 정수기도 가지고 있어서 수질을 의심하지 않고 마실 수 있었다. 조금 과장하면 물이 마시고 싶을 때는 그냥 그 자리에서 둘러보면 구할 수 있을 정도였다.

아침, 저녁 두 번 식사를 할 때, 세수를 하고 머리를 감을 때, 양치질을 할 때 물이 필요했다. 가끔 땀을 많이 흘리면 샤워도 하고 하루 20km가량을 걷다 보면 열 번 이상 물통에 물을 채워가며 마셨다. 그래서 도착지에 다다랐을 때 제일 먼저 한 일이란 주변에 물이 흐르는 캠핑 장소를 찾는 것이었다.

아돌프스트룀에 도착했을 때도 큰 호수 옆에 텐트를 쳤다. 호수에서 몸도 씻고 물을 떠서 밥도 해 먹었다. 매일 수십 리터의 필요한 물을 부족함 없이 사용할 수 있었고 어디를 가든 수량이 풍부하게 흐르고 있었다.

걱정 마시라 물은 넘쳐 흐른다. 물 부자

일상에서 부자라는 단어는 자연스럽게 재정적으로 풍족한 사람을 떠올리게 한다. 사전적 의미도 부자란 재물이

많아 살림이 넉넉한 사람을 이른다. 즉, 일정 이상의 재산 혹은 재물을 가져야 부자가 될 수 있다는 것이다. 부자에 대한 정의의 초점은 자연스레 '재물'에 맞추어진다. 하지만 부자의 본질은 '많은', '일정 이상'이라는 단어에 초점을 두었을 때 좀 더 제대로 파악할 수 있다. 부자란 기준이 정해지지 않은 상대적인 의미란 것이다.

만일 백 명에게 "돈이 얼마가 있어야 부자인가요?"라고 물어본다면 백 명이 모두 같은 금액을 대답하지 않을 것이다. 또한 백 명에게 "10억을 가지고 있으면 부자인가요?"라고 물었을 때, 누군가는 동의하겠지만 그렇지 않을 수도 있다. 이처럼 상대적이기 때문에 1,000억을 가진 사람도 옆에 1조를 가진 사람이 있다면 자신을 부자라고 생각하지 않을 수 있다.

결국 누군가와 비교하며 상대적으로 부자를 정의하는 한 누구도 부자가 될 수 없다는 것을 우리는 이미 알고 있다.

금액과 상관없이 자신이 부자라고 생각하는 사람들은 주로 부의 기준을 주위 사람들이 가진 물질이 아니라 자신의 내면에서 찾고 있다. 그들의 특징은 상대 평가보다 자신의 절대적 평가에 의하여 부에 대한 가치 기준을 정의 내린다는 데 있다. 삶에 대한 부자의 자세는 자족함에서 출발하는 것이 아닐까?

그런 의미에서 쿵스레덴은 누구나 부자로 만들 수 있다. 먼저, 주위 누군가와 비교할 필요가 없어진다. 쿵스레덴을 걷기 위해 필요한 물건들은 텐트나 침낭처럼 대부분 정해져 있기 때문이다. 길을 걸으면서 저 사람이 돈이 얼마나 있는지는 중요하지 않다. 필요한 물건이 있느냐의 문제일 뿐이다. 또한 내가 지닐 수 있는 재산의 무게는 한정되어 있다. 감당하지 못할 무게는 발걸음을 힘들게 만들 뿐이다. 자연스럽게 부에 대한 욕망은 절제된다. 그리고 그곳에서 자신이 풍족함을 누리는 데 필요한 것은 전자 기기를 마음껏 사용할 수 있는 전기와 목이 마를 때 언제든지 마실 수 있는 물, 이 두 가지일 것이다. 쿵스레덴에서 두 가지를 만족의 기준으로 삼게 된다면 누구나 부자가 될 수 있다.

로버트 뉴턴 펙의 《돼지가 한 마리도 죽지 않던 날》에서 아버지가 아들에게 말하는 부자의 이야기가 마음에 와 닿는다.

"아니야, 우리는 부자야. 서로 사랑하고 아껴 주는 가족이 있고, 농사지을 땅이 있어…… 그리고 매일 뜨거운 우유를 만들어 주는 데이지도 있고. 우리에게는 대지도 적셔 주고, 우리 몸에 묻은 더러운 것도 씻어내는 비도 있고, 우리 눈을 눈물로 젖게 할 만큼 아름답게 펼쳐지는 황혼도 있어. 바람이 불어 만들어 내는 구슬픈 음악도 있어. 가끔 흥겨운 음악을 만들어내서, 나로 하여금 절로 어깨를 들썩거리게도 하지. 바이올린 소리처럼 말이야."

소설 속의 아버지는 현재 가지고 있는 것에 만족하며 이미 자신들은 부자라고 말한다. 어쩌면 우리들도 이미 부자인 게 아닐까?

← 예크비크에 위치한 HANDLAR'N 마트. 많은 종류의 상품들을 이곳에서 구입할 수 있다. 나는 살토루오크타 이후부터 아킬레스건염으로 고생하고 있었기 때문에 이곳에서 소염진통제 알약을 구입했다.

← 아돌프스트룀 리셉션

↓ 아돌프스트룀에 있는 카페 겸 가게. 이 가게는 모찌(찹쌀떡)가 유명한 곳이니 꼭 하나 맛보길 바란다.

← 아돌프스트룀 가는 길에 발견한 설문지가 담긴 통. 트레킹하는 사람들의 의견을 수렴하기 위해 나무에 통을 부착해 놓았다. 통 안에는 설문지와 연필이 들어 있으니 더 나은 쿵스레덴이 되길 바라며 성실히 응하자.

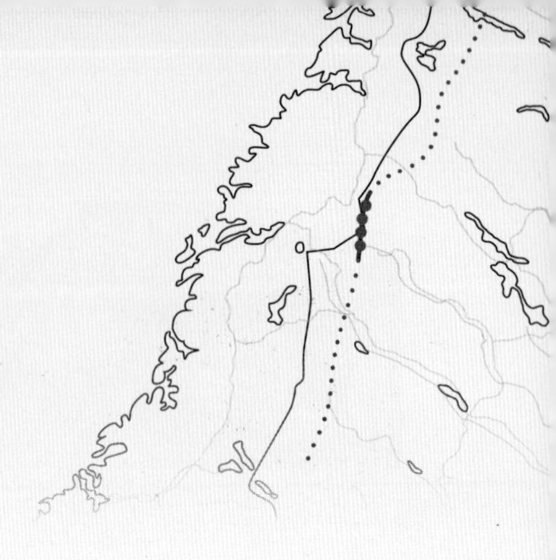

의미 없는 발걸음은 없다

코스

아돌프스트룀Adolfström 15km→ 베베르홀멘Bäverholmen 8km→ 시뉼틀레Sinjultle 25km→ 레브팔스Rävfalls 21km→ 암마르네스Ammarnäs

"30년 전 아빠도 이곳을 걸었다고 해요."

"그럼 아버지가 걸었던 길을 그대로 걷는 거예요?"

"아마도 그럴 거예요.
짐도 30년 전 아빠가 쓰던 걸 거의 그대로 가져왔어요."

"기분이 어때요?"

"처음엔 정말 오기 싫었는데
지금은 이곳에 온 보람이 있어요. 아빠 생각도 많이 나고
집에 돌아가면 꼭 같이 낚시하러 가고 싶어졌어요."

∞

간단히 말해 인간은 스스로 그의 본질을 창조해야 한다.
그것은 그 자신을 세계에 던지고 그 속에서 시달리며 몸부림치고
그리하여 서서히 그 자신을 정의해 나가는 것이다.

– 장 폴 사르트르

아비스코에서 암마르네스까지 걸으면서 적지 않은 사람들을 만났다. 그중에 나와 같이 종주를 목표로 걷는 사람들에게 더 관심이 갔다. 그리고 그들이 왜 유럽의 마지막 야생의 길이라고 불리는 이곳에서 450km를 걷는지 궁금했다. 내가 회사를 그만두고 삶의 변화를 꿈꾸며 이곳을 걷고 있듯이 그들의 발자국에도 흥미로운 이야기가 담겨 있을 거라고 생각했다.

쿵스레덴을 걷다가 스무 살이 된 독일 청년을 만났다. 처음 봤을 때는 간단한 인사만 할 정도로 말수가 적은 친구였다. 앳된 얼굴이

었지만 분위기는 어른스럽고 침착했다. 그의 잘생긴 외모보다 눈길을 끌었던 것은 배낭과 장비들이었다. 배낭은 군청색이었는데 산에서 주운 순록뿔이 매달려 있었고 밀리터리 무늬의 포켓은 배낭 정면에, 그리고 검은 그을음이 묻은 은빛 냄비는 배낭 꼭대기에 달려 있었다.

우린 함께 보트를 타고 강을 건너서 늦은 점심을 해결하기 위해 각자 요리를 했다. 나는 10분도 안 되어 카레 밥을 뚝딱 만들고 나서 독일 친구가 만드는 음식이 궁금해서 다가갔다가 그가 가지고 있는 도구들을 보고 놀라지 않을 수 없었다. 일반적으로 우리가 캠핑에 사용하는 것들이 아니었다.

그에게는 커다란 프라이팬이 있었는데 접이식이거나 가벼운 소재로 만든 것이 아니라 그냥 흔히 가정집에서 사용하는 오래된 프라이팬이었다. 그리고 불을 지피는 버너는 가스버너가 아닌 초등학교 과학 실험실에서나 볼 수 있을 법한 알코올 버너였다.

← 낡은 배낭을 메고 걷는 독일 친구

↓ 독일 청년이 이용한 아버지의 텐트. 설치하는 데 30분이 넘게 걸린다.

그가 요리를 다 하고 뚜껑을 덮어 버너를 끄는 모습은 어린 시절 추억을 떠올리게 했다. 그 외에도 그의 도구들은 몇 십 년은 된 듯 색이 바랬고 낡아 보였다.

이러한 장비들이 그를 더욱 궁금하게 만들었다.

그러나 허기를 채우느라 서로 몇 마디 나누지 못하고 점심 식사를 한 후 나는 낮잠을 자고 그는 곧바로 출발했다. 이틀 후에 오두막에서 트레킹을 하던 스위스 아주머니 가비Gaby를 만났다. 가비와 대화를 하던 중에 가비로부터 궁금하게 여겼던 독일 청년의 이야기를 들을 수 있었다. 가비의 말에 의하면 그는 사연 깊은 청년이었다.

그의 배낭과 짐들은 그의 아버지가 30년 전 쿵스레덴을 걸을 때 사용하던 것이라고 했다. 그의 아버지는 아마도 쿵스레덴을 걷다가 돌아가신 것 같고 그는 아버지를 추억하면서 30년 전 아버지가 짊어졌던 배낭과 물건들을 가지고 길을 걷고 있었던 것이라고 했다.

그때서야 그와 처음 만났을 때 말없이 차분했던 분위기가 이해되었고 오랜 시간이 흐른 물건들의 정체를 알게 되었다. 아버지의 향수를 느끼기 위해 길을 걷는 그의 모습을 떠올리자 코끝이 찡해졌다. 다시 만나서 그의 이야기를 좀 더 듣고 싶었다. 그런데 우연찮게도 아돌프스트룀에 도착하기 8km 전쯤에 그를 다시 만났다. 조심스럽게 그에게 이곳에 온 이유를 물어보니 그의 사연은 가비의 이야기와 크게 다르지 않았다.

아버지는 군인이었고 30년 전에 현재 자신이 메고 있는 짐을 가지고 같은 길을 걸었다고 했다. 그래서 그의 짐에는 군용으로 보이는 천막 텐트나 밀리터리 무늬가 새겨진 주머니 같은 물건들이 많이 있었다.

아돌프스트룀까지 가는 동안 그는 자신의 아버지 이야기를 자세히 해주었다. 그의 말투와 눈빛에서 아버지를 자랑스러워한다는 것을 알 수 있었다. 다만 가비의 말에 틀린 것이 있다면 그의 아버지께서는 다행히도 살아 계셨다는 것이었다.

그는 아버지가 자신에게 쿵스레덴 트레킹을 권유했을 때 이곳에 와야 할 이유를 찾지 못했기 때문에 오기 싫었다고 했다. 하지만 아돌프스트룀에서 그는 아버지에게 존경심이 생겼고 집으로 돌아가면 꼭 아버지와 같이 낚시를 하러 가고 싶다고 말했다.

쉰두 살의 스위스 아주머니 가비의 사연도 인상 깊었다. 그녀는 암마르네스에 도착할 때까지 가장 자주 만난 사람이다. 대화하기를 좋아하는 그녀는 처음 만났을 때부터 자신의 이야기를 아낌없이 들려주었다. 가비는 금빛 머리카락에 넉넉한 풍채를 지녔고, 연두색 티셔츠와 얇은 파카를 입고, 시장 아주머니처럼 허리에 주머니를 달고 다녔다. 그녀는 제 2의 인생이 쿵스레덴을 걸으며 시작되고 있다고 말했다.

그녀는 척추에 종양이 생기면서 치료를 목적으로 걷게 된 것이 트레킹을 하게 된 계기라고 했다. 의사는 수술을 권했지만 자신의 테라

피스트와 상의한 결과 단순히 걷는 게 더 낫겠다는 결론을 내렸고 신기하게도 트레킹을 하면서 종양이 사라졌다고 한다. 그때부터 그녀는 걷는 것에 삶을 담게 되었다. 2년 전에는 자신의 생일에 아들과 함께 산에서 스키를 타다가 30m 아래로 굴러 떨어져서 다리가 부러지고 온몸이 만신창이가 되었다.

의사는 다시 제대로 걸을 수 있을지 불투명하다고 했지만 포기하지 않고 재활치료를 한 덕분에 쿵스레덴을 오기 전 산티아고 순례길

➔ 예크비크 가는 길에 스위스에서 온 가비를 태우고 함께 강을 건너고 있다. 가비는 대신 노를 저어준 나를 천사라고 불러 주었다.

➔ 스위스에서 온 가비는 이렇게 말했다. '중요한 건 정신력이에요.'

800km를 완주할 수 있었다고 했다. 쿵스레덴을 온 뒤에는 걷다가 넘어져서 손등의 뼈가 부러졌는데도 이 정도는 아무것도 아니라며 참고 걷는 중이었다.

그녀는 말하는 도중 몇 번이나 검지손가락으로 이마를 가리키며 여기가 가장 중요하다고 했다. 정신력을 강조한 게 틀림없었다. 그녀는 걷기를 통해 부상이나 병을 극복하면서 정신력이라는 삶의 중요한 가치를 발견한 것이다.

독일 청년도 스위스 아주머니 가비도 자신의 발걸음에 담긴 의미들을 발견했다. 이들 외에도 다양한 사람들과 대화를 나누면서 사람들에겐 저마다 남이 모르는 소중하고 귀한 삶의 이야기와 의미가 있음을 새삼스럽게 느꼈다. 그 의미를 자신이 발견했는가, 발견하지 못했는가가 중요할 뿐 타인의 기준과 평가는 중요하지 않을 것이다.

걱정해도 내일 비는 내린다

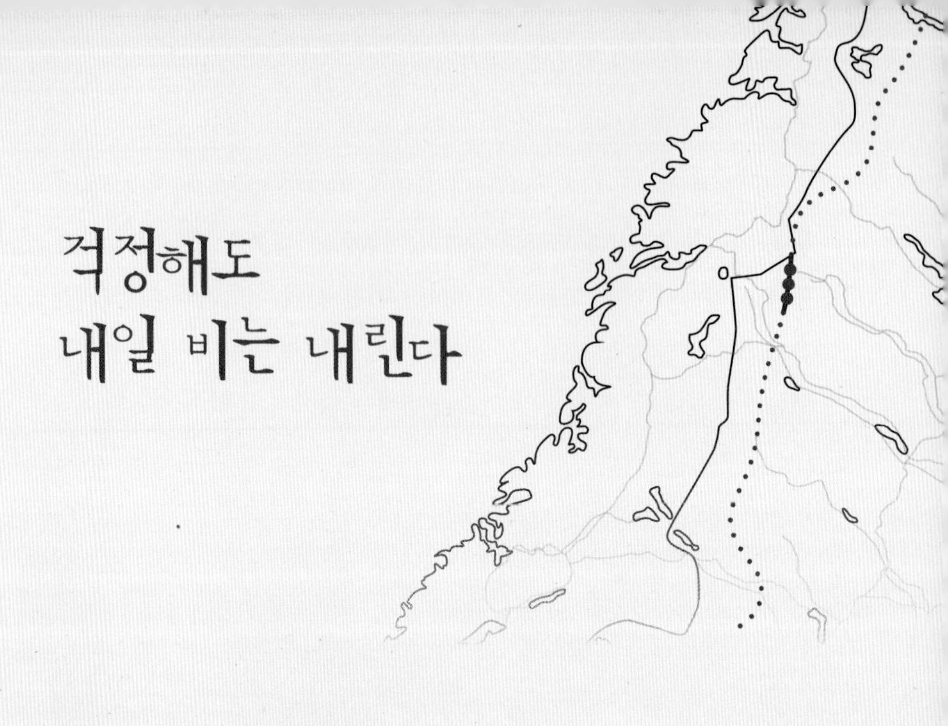

코스

암마르네스Ammarnäs 8km → 아이게르트Aigert 19km → 세르베Serve 14km → 테르나셰Tärnasjö

"영문, 제발 우리랑 같이 걷지 마.
네가 붙으면 꼭 비가 온단 말이야."

"나도 이유를 모르겠어. 왜 비가 나만 따라오는지.
내가 아니라 너희들 때문 아냐?"

∞

걱정을 해서, 걱정이 없어지면, 걱정이 없겠네.

– 티베트 속담

암마르네스를 지나 8km 떨어진 아이게르트에 도착하자 비가 또 내리기 시작했다. 여름으로 접어들기 시작하고 산 능선을 넘어가다 보니 날씨가 하루에도 몇 번씩 오락가락했다. 유독 누군가를 만나 동행하면 어김없이 비가 내려서인지 여러 번 나를 만난 외국 친구들은 내가 보이면 따라오지 말라고 농담을 하고 나 역시 너희들 때문이라고 말하며 서로 크게 웃었다.

사실 굳이 내 탓이 아니어도 흐리고 비 오는 날들이 대부분이었다. 쿵스레덴을 걷기 시작한 지 사흘 만에 비가 오기 시작했고 사흘 연속으로 비가 내리는 바람에 불어난 계곡물을 건너다 죽을 고비를 넘겼다. 그때부터 예측이 안 되는 길만큼 변화무쌍한 날씨도 경계와 두려움의 대상이 되었다.

암마르네스 가는 길에 겨울 표지판을 따라 등산 스틱으로 X표를 그려 본다.

인터넷이 가능한 스테이션에 도착하면 1~2주일 후의 날씨 변화까지 미리 확인을 했고 예측되는 날씨에 맞춰서 출발 시간이나 걸어갈 거리를 조절했다. 비 오는 날씨에 물에 빠졌던 경험은 큰 트라우마로 남아서 필요 이상의 두려움을 갖도록 만들었다.

기상예보를 확인할 때마다 화창한 맑은 날을 찾아보기가 힘들었다. 구름과 비, 가끔은 천둥 표시가 주 5일 이상을 차지했다. 잠들기 전에는 다음 날 날씨를 걱정하며 잠이 들었다.

비가 오면 안전상의 문제보다 더 신경 쓰이는 것은 텐트를 설치하

고 접는 것이었다. 텐트를 접을 때 비가 오는 건 최악이다. 매일 아침 짐을 챙기는 순서는 먼저, 텐트 안에서 침낭, 식량, 의류 주머니 등등의 물건들을 정리해서 배낭 안에 넣고 배낭을 텐트 밖으로 내놓는다. 그리고 배낭 안에 넣을 필요가 없거나 텐트를 접은 후에 넣어야 되는 짐들은 따로 내놓는다. 다음에는 텐트를 접은 후 배낭 안의 빈 공간에 눌러 넣고 나머지 못 다 넣은 장비들을 차례대로 채운다.

순서가 이렇다 보니 비가 오는 날이면 텐트를 접기 위해 밖에 내어 놓은 배낭과 물건들이 다 젖고 텐트도 비에 젖어 축축하다. 배낭 속 물건들은 물에 젖게 되고 무게도 당연히 더 무거워진다. 게다가 우비를 입고 방수용 점퍼를 입었어도 어느새 온몸이 젖어 추위가 스며들고 길은 미끄럽거나 침수되어 걷기 힘들어진다. 이처럼 비가 오면 몸과 배낭 상태, 길의 상황 등 트레킹 전반에 막대한 영향을 미치게 된다.

비 오는 풍경도 빗소리도 이제는 정이 들 것 같다.

설상가상으로 기상 예보는 쿵스레덴에서 비껴가는 경우가 허다했다. 해발 300m에서 1,000m 이상을 오르락내리락 하다 보니 맑다고 예보한 날에 소나기가 내리고 비가 온다고 했어도 당당히 해가 떠 있어서 마치 나를 놀리는 듯했다. 간혹 호랑이 장가가듯 여우비가 내리는 날도 있는 등 오락가락하는 날씨에 적응하기란 그리 쉽지 않았고 날씨의 변화에 따라 감정의 기복도 심해져 갔다.

우비를 쓰면 비가 그치고 우비를 벗으면 비가 내리는 날씨 속에서 길을 걷는 사이에 아이게르트와 세르베 사이에 있는 유오바쇼카 Juovvatjåhkka쉘터에 도착했다. 쉘터에 들어서자마자 수백 마리의 딱따구리가 쉘터의 나무와 유리를 쪼는 듯한 소리를 내며 비바람이 거세게 몰아쳤다. 도착하기 전에 밖에서 저 비를 맞았다면 걷지도 못한 채 그 자리에서 주저앉고 말았을 것이다.

다행이다 싶어서 안도의 한숨을 내쉬고 주린 배를 채우려 식사 준비를 하는데 누군가 문을 열고 들어오는 소리가 들렸다. 만약 그 비를 맞은 사람이 있다면 신에게 버림받은 가엾은 사람이라고 생각하며 돌아봤는데 30대로 보이는 건장한 남자가 미소를 머금으며 오두막으로 들어섰다.

그는 스웨덴 사람이었다. 저녁으로 먹고 있던 라면 국물을 건네주면서 어두운 표정으로 "내일도 이렇게 비가 올 까봐 걱정이에요"라고 말을 건넸다. 그러자 그는 잠시 창문 밖을 보더니 대수롭지 않다는 듯, "뭐 그치겠죠. 안 그치면 우의를 입고 가면 되죠"라며 라면 국물을 후루룩 마셨다. 그리고 다시 창밖의 비를 보는 그의 표정은 내일에 대한 걱정이 아닌 따뜻한 국물 한 모금에 대한 현재의 만족스러운 마음 같았다.

간단명료한 그의 대답과 근심 없는 표정을 보며 쉘터에 도착하자마자 내일 날씨를 걱정하던 내 모습이 오히려 안쓰럽게 느껴졌다. 당연히 걱정해야 할 것을 걱정한다고 생각했는데 곰곰이 생각해 보니 정말 걱정할 문제가 아니었다. '걱정'은 내일의 날씨를 바꿀 만한 힘이 전혀 없었다.

그동안 아무리 걱정을 해도 종잡을 수 없이 오락가락하던 날씨에 따라 일희일비했던 내 자신이 이를 방증했다. 내가 할 수 있는 일은 그의 말대로 내일 비가 올 것 같다면 우의를 준비하면 되는 것이었다.

생각이 바뀌자 그간 고생만 시킨다고 생각했던 비 내리는 모습을 창 밖으로 잠시 바라다보게 되었다. 비는 계속 내리는데 시끄럽게 들

유오바쇼카 쉘터에서 만난 스웨덴 남자. "비는 비대로 나는 나대로"

리던 빗소리가 점점 잦아드는 듯했고 배낭을 내려놓은 몸처럼 마음도 걱정을 내려놓고 가벼워졌다.

돌이켜 보면 심각하지는 않았지만 하루도 걱정 없이 지냈던 적이 없는 것 같다. 뉴스에 나오는 사건사고부터 시작해 취업 문제, 직장생활 문제, 연애 · 결혼 문제, 주택 문제, 미래 문제 등등.

심리학자이자 저술가인 어니 젤린스키는 대부분의 이러한 걱정들이 무의미한 것이라고 말한다. 우리가 하는 걱정의 40%는 절대 일어나지 않을 일이며, 30%는 이미 일어난 일에 대한 것, 22%는 너무 사소한 문제에 관한 것, 4%는 우리 힘으로 어쩔 수 없는 일이라고 한다. 결국 96%가 쓸 데 없는 걱정이며, 남은 4%만이 우리가 변화시킬 수 있는 정말 걱정해야 될 문제라는 것이다.

날씨에 대한 걱정도 사람의 힘으로는 어쩔 수 없는 무의미한 걱정 중 하나다. 현재 자신이 하고 있는 걱정들을 여기에 대입해 보면 거의 다 96% 안에 포함될 것이다. 낮은 취업률, 그리고 지원 회사의 너무 적은 인원의 채용 공고에 대해 걱정한다고 바뀌는 일도 아니고, 회사에서 망친 업무 때문에 다음날 상사에게 혼나게 될 일 또한 걱정하기보다는 어떻게 해결할 것인지의 문제에 가깝다. 특히 연애 문제라면 걱정과 어떤 방정식도 성립되지 않는다.

사전적 의미의 걱정이란 여러 가지로 마음이 쓰이는 감정을 뜻한다. 다양한 감정 안에는 불안이 있고, 불안은 블랙홀처럼 다른 감정들을 모두 빨아들인다. 인간의 상상력은 거대하기 때문에 어니 젤린스키가 지적한 대로 절대 일어나지 않을 일에 대해 가장 많은 걱정을 한다. 이렇게 걱정에 사로잡힐 때 문제의 본질을 보는 눈은 흐려지고 현재에 가져야 할 사고의 힘을 잃게 된다.

변덕스러운 날씨나 높은 경쟁률이 중요한 것이 아니라 악천후에도 무사히 길을 걸을 수 있는가, 지원하는 회사에 입사할 수 있는 준비가 되었는가와 같이 자신의 영향력 범위에 있는지와 그에 따른 문제 해결 능력이 핵심이다. 영향력 범위 내에서 능력이 갖추어져 있지 않을 경우에 궁극적인 문제가 되며 부족한 능력은 현재의 노력으로 갖추도록 하면 될 것이다. 비 올 날씨를 걱정하기보다 현재의 햇살을 놓치지 않도록 하자.

오늘도 매서운 바람이 불지만 햇살 가득히 이곳에 앉아 아래를 내려다보니 오늘은 왠지 길이 즐겁다.
– 마지막 땅콩을 까면서

암마르네스 가는 길에 뒤에 오는 경식이 형을 위해 남긴 쪽지

슈퍼 마리오를 좋아하는 이유

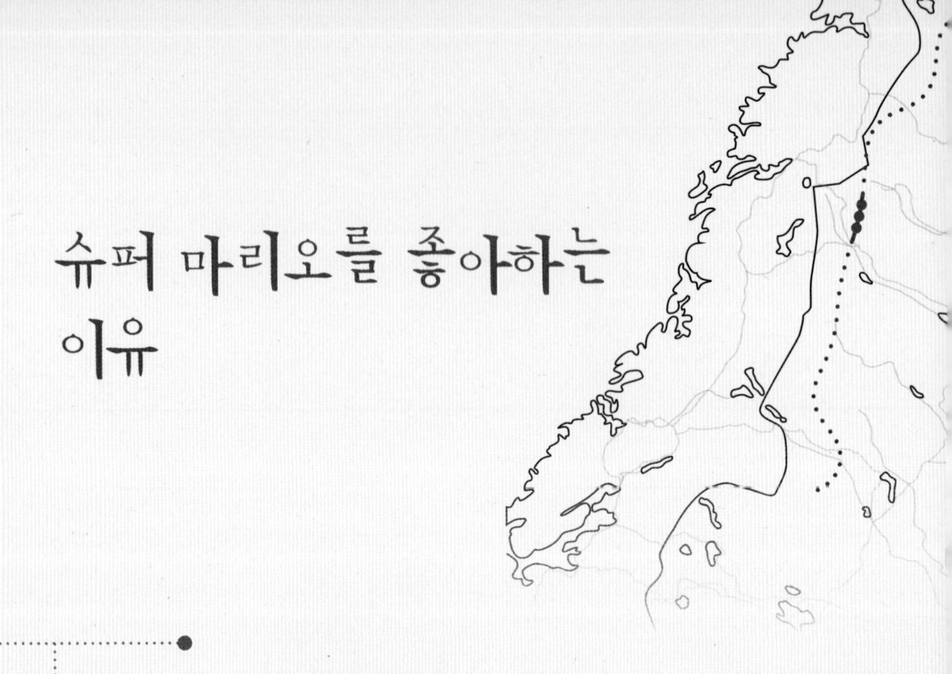

코스

테르나셰Tärnasjöstugan 14km→ 쉬테르Syter 13km→ 비테르샬레트Viterskalet 11km→ 헤마반Hemavan

"지금 나이는 70살이고 이 친구와는 55년 지기이지."

"정말 오래된 친구네요.
두 분이 함께 트레킹을 많이 다니시나 봐요?"

"아니, 트레킹을 하는 건 이번이 처음이라네.
난 낚시를 좋아하거든. 하하."

∞

어떤 사람은 젊고도 늙었고, 어떤 사람은 늙어도 젊다.

— 탈무드

쿵스레덴에 오는 연령층은 엄마 등에 업힌 어린 아이부터 노인까지 다양하다. 그중에 쉬테르 오두막에서 만난 두 할아버지가 나의 시선을 사로잡았다. 그들은 암마르네스에서 헤마반까지 78km 코스를 걷는 중이었다. 한 사람은 키가 180cm를 훌쩍 넘어 보이는 장신에 빨간 외투를 입었고 다른 한 사람은 키가 160cm 정도 될 것 같은 단신에 파란 외투를 입고 있었다. 두 사람의 외모는 한 눈에 슈퍼 마리오 형제를 떠올리게 했다.

할아버지들은 쿵스레덴에서 가지고 다니던 텐트를 필요한 사람에게 건네주며 자신들은 오두막에서 머물면 된다고 말하는 마음이 넉넉한 분들이었다. 이 이야기를 듣고 쉬테르 이전의 오두막에서 만난 영국인 청년이 떠올랐다.

쉬테르 오두막 앞의 전망. 다행히 저 곳으로 가지는 않는다

그는 나와 반대 방향인 헤마반에서 아비스코로 걷는 중이었고 가져온 텐트가 밤중에 바람에 짓눌려서 사용할 수 없게 되었다고 했다. 그런데 다행히 어떤 여행자가 가지고 있던 텐트를 주고 매트와 식량까지 나눠 주었다고 했다. 값비싸고 유용한 텐트를 누가 줬을까 궁금했었는데 알고 보니 바로 슈퍼 마리오를 닮은 그 할아버지들이었다. 이 사실을 알고부터 그들에게 더욱 정감과 관심이 가기 시작했다.

이십여 발자국 정도 떨어진 곳에서 할아버지들을 보며 뒤따라 걸어갔다. 키 작은 할아버지는 길을 걸으면서 계속해서 친구에게 말을 걸었고 키 큰 할아버지는 말없이 들으면서 간혹 길을 이탈해서 덤불 혹은 돌무더기 길로 걸어 들어갔다.

발을 잘못 디뎌서 휘청거리다 넘어지면 같이 걷던 키 작은 할아버지가 야단을 치면서도 얼른 도와주었다. 키 큰 할아버지는 고맙다는 말도 없이 중심을 잡고 다시 걷다가 또 길에서 벗어나서 미끄러지고 키 작은 할아버지는 또 도와주러 갔다. 두 할아버지는 계속 그렇게 길을 걸어갔다.

키 큰 할아버지가 야단을 맞으면서도 자주 길을 벗어나는 것도 의아했지만 반복되는 할아버지들의 행동을 보니 한 편의 슬랩스틱 코미디를 보는 것 같아 왠지 웃음이 났다. 다음 오두막에 도착해서 대화를 나누었는데 그들은 상상 이상의 재미있는 스토리를 갖고 있었다. 무려 55년 동안 사귀어 온 친구였고, 이번 트레킹이 두 분이 함께 하는 첫 트레킹이며, 키 큰 할아버지가 수시로 길을 벗어나는 이유는 호기심 때문이라는 것이었다.

키 큰 할아버지는 다른 장소에서 다른 각도로 다양한 경치를 보고 싶어 했다. 한번은 그를 따라서 길을 벗어나 돌무더기 길을 지나고 언덕에 올랐는데 가려져 있던 기다란 산 능선을 볼 수 있었다. 종주하려다 보니 경직된 자세로 길을 걷는 나와 달리 그들은 나이 탓에 느린 걸음이었지만 호기심이 가득하고 지금 주어진 상황을 자유롭게 즐기는 여유로운 모습이 보기 좋았다.

두 할아버지의 트레킹 도전이나 어린아이와 같은 호기심은 나이란 숫자에 불과하다는 말을 증명하는 듯했다.

청춘이란 인생의 어떤 시기가 아니라
마음의 상태를 뜻하나니
장밋빛 볼, 붉은 입술, 유연한 무릎이 아니라
의지와 풍부한 상상력과 격정,
그리고 생명의 깊은 원천에서 솟아 나오는 생동감을 뜻하나니

청춘이란 두려움을 이겨내는 용기,
안락함의 유혹을 뿌리치는 모험심을 뜻하나니
때로는 스무 살 청년보다 예순 살 노인이 더 청춘일 수 있네.
누구나 세월만으로 늙어가지 않고
이상을 잃어버릴 때 늙어가나니

세월은 주름을 피부에 새기지만,
열정을 잃으면 주름이 영혼에 새겨지니
자신감을 잃고, 근심과 두려움에 휩싸이면
마음이 시들고, 영혼은 먼지로 흩어지지.

예순이건 열여섯이건 가슴 속에는
경이로움을 향한 동경과 아이처럼 왕성한 탐구심과
삶의 기쁨을 찾으려는 한결같은 열망이 있는 법,
그대와 나의 가슴 속에는 무선기지국이 있어
사람들과 무한의 우주로부터 아름다움과 희망,
갈채, 용기, 힘을 수신하는 한
언제까지 청춘일 수 있네.

안테나가 내려지고
영혼이 냉소의 눈(雪)에 덮이고
비관(悲觀)의 얼음(氷)에 갇힐 때
그대는 스무 살이라도 늙은이가 되네.
그러나 안테나를 높이고
낙관(樂觀)의 파동을 붙잡는 한,
그대는 죽음을 앞둔 여든 살이어도 청춘이라네.

젊음에 대한 정의는 점차 생물학적 의미를 초월하기 시작했다. 이십 대와 같은 신체적 나이로 젊음을 정의하던 예전과는 달리 이제는 정신적 나이도 젊음을 정의하는 데 영향을 미친다. 제2차 세계대전이 끝나고 유엔군 사령관인 맥아더 장군은 '청춘'이라는 시를 도쿄 사무실에 걸어 놓고 애송했다고 한다. 이 시는 미국의 시인 새뮤얼 울먼이 78세에 쓴 젊음에 대한 퇴고라고 한다.

이후 이 시에 감동한 어느 일본인에 의해 번역되어 널리 알려지게 되었고 파나소닉의 창업자인 마쓰시타 고노스케도 '청춘'이라는 시에 감동받아 인쇄한 액자를 전국의 판매점에 보냈다고 한다.

시대정신을 반영하는 영화 또한 노인들의 도전을 통해 젊음에 대한 이야기를 많이 담아내고 있다. 예를 들면 스티븐 워커 감독의 다

헤마반까지 이제 겨우 4km 남았어요, 슈퍼 마리오 할아버지 파이팅!

쉬테르에서 비테르샬레트로 가는 길의 U자 계곡에서

큐멘터리 영화《영원히 멈추지 않을 로큰롤 인생》에서는 평균 나이 81세의 노인들이 만든 코러스밴드 '영앳하트'의 이야기를 다룬다.

이들이 공연을 준비하는 데 나타나는 문제점은 대부분 나이 때문이었다. 메인 보컬이 죽음에 이르고, 산소호흡기가 없으면 호흡을 할 수 없는 상태이고, 운전을 할 수 없을 정도로 시력이 나쁘기도 했다. 그들은 이러한 장애를 도전과 순수한 열정으로 극복해 낸 자신들이 지은 밴드 이름처럼 '마음은 청춘'인 노인들이었다.

쿵스레덴에서 만난 슈퍼 마리오를 닮은 두 할아버지와 새뮤얼 울먼의 시 '청춘', 코러스밴드 '영앳하트' 모두 나에게 진정한 젊음이 무엇인지 생각하게 했다.

Tip 크비크요크Kvikkjokk ~헤마반Hemavan

크비크요크Kvikkjokk → 트시엘레키아카Tsielekjahka → 이스토야브라시Gistojävratj → 바라크시아카 Baraktjahkka → 부오나시비켄Vuonatjviken → 예크비크Jackvik → 피엘예카이세Pieljekaise → 아돌프스트룀Adolfström → 베베르홀멘Bäverholmen → 시뉼틀레Sinjultle → 레브팔스Rävfalls → 암마르네스Ammarnäs → 아이게르트Aigert → 세르베Serve → 테르나셰Tärnasjö → 쉬테르Syter → 비테르샬레트Viterskalet → 헤마반Hemavan

∞ 오두막과 사람이 적다고 두려워하지 않아도 된다. 아비스코에서 크비크요크까지 성실히 걸어왔다면 헤마반까지 걸어갈 수 있는 내공은 충분히 쌓였다. 크비크요크부터 암마르네스까지는 사실상 오두막이 없다고 봐야 하기 때문에 미리 지도나 책을 통해 지형과 코스를 숙지해 두는 것이 좋다. 이 구간에 필자가 표시한 이름들은 쿵스레덴 지도에서 확인할 수 있는 호수와 언덕 등의 지형 또는 쉘터와 마을이다. 본인이 하루 동안 걸어갈 수 있는 거리를 계산해서 적절히 구간을 나누고 식량을 준비하면 된다. 다행히 걱정했던 것에 비해 코스 자체가 걷기에 어렵지 않다. 이전 코스와는 또 다른 멋진 자연경관들이 펼쳐지니 두려움은 금세 접히고 탄성이 펼쳐질 것이다.

∞ 부오나시비켄에서 예크비크로 가려면 강을 건너야 한다. 보트를 타고 노를 저어야 하는데 다행히도 거리는 300m 정도 밖에 되지

않는다. 하지만 바람이 세게 부는 날에는 보트를 타지 않고 기다리는 게 좋고 만일 한 번이 아니라 보트를 세 번 왔다 갔다 해야 하는 상황이라면 누군가와 함께 타는 것이 좋다.

∞ 예크비크에 도착하면 HANDLAR'N이라는 주유소 옆에 마트가 있다. STF 운영 가게들보다 규모가 크고 저렴하면서 다양한 상품들이 진열되어 있으니 암마르네스에 가기 전 중간 보급을 이곳에서 하기를 추천한다. 아돌프스트룀에도 가게가 있지만 품종이 확연히 줄어든다.

∞ 아돌프스트룀에서 베베르홀멘까지 8km 구간은 숲 속을 걷거나 보트를 탈 수 있다. 보트를 탔을 때 주의사항은 도착하고 나서 정확히 방향을 확인한 후 걸어야 한다는 것. 필자는 눈앞에 보이는 길을 무작정 걸어갔다가 베베르홀멘으로 4km를 되돌아가는 실수를 범했다. 같은 실수를 한다면 돌아오는 길에 멋진 깃털을 줍거나 등산 스틱을 집어 던지는 게 조금 위로가 될 것이다.

길을 잘못 들어섰다가 되돌아와서 분풀이로 등산 스틱을 집어 던졌다.

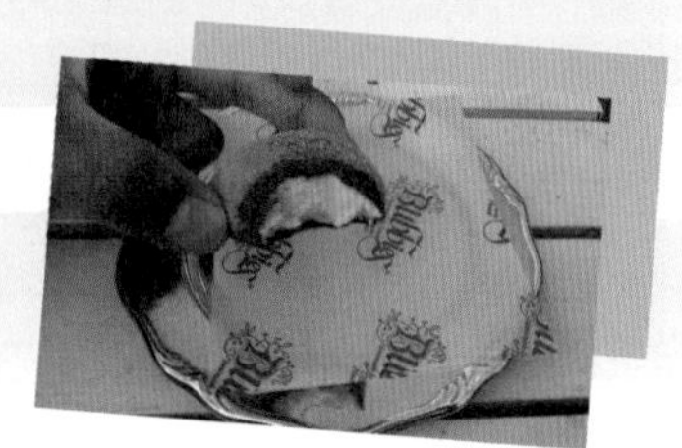

가격은 조금 비싸지만 달콤한 아돌프스트룀 모찌 아이스크림

∞ 아돌프스트룀에는 조금 비싸지만 역사 깊은, 맛있는 모찌를 판다.

∞ 시늪틀레에서 레브팔스로 가는 길에 붉은 다리를 건너게 된다. 쿵스레덴은 다리를 건넌 직후 좌측으로 강을 따라 이어지니 필자처럼 넓은 길을 따라 직진하지 않길 바란다. 많은 사람들이 이곳에서 길을 헷갈린다.

∞ 암마르네스부터 헤마반까지는 하루 거리마다 오두막이 있고 사람들의 숫자도 늘어나기 때문에 좀 더 안전하고 여유롭게 걸을 수 있다. 쉬테르에서 비테르샬레트로 가는 길은 U자 계곡을 지나는 코스로 비경이 펼쳐지니 그동안의 고생이 잊힐 것이다.

↑ 암마르네스에 위치한 가게. 암마르네스 이후부터는 다시 하루 거리마다 오두막이 있기 때문에 거의 다 온 거나 마찬가지다. 나와 경식이 형은 이곳에서 피자와 미트볼 등을 사서 작은 파티를 열었다.

↑ 아이게르트에 있는 오두막

↑ 북부 쿵스레덴의 마지막 지점인 헤마반

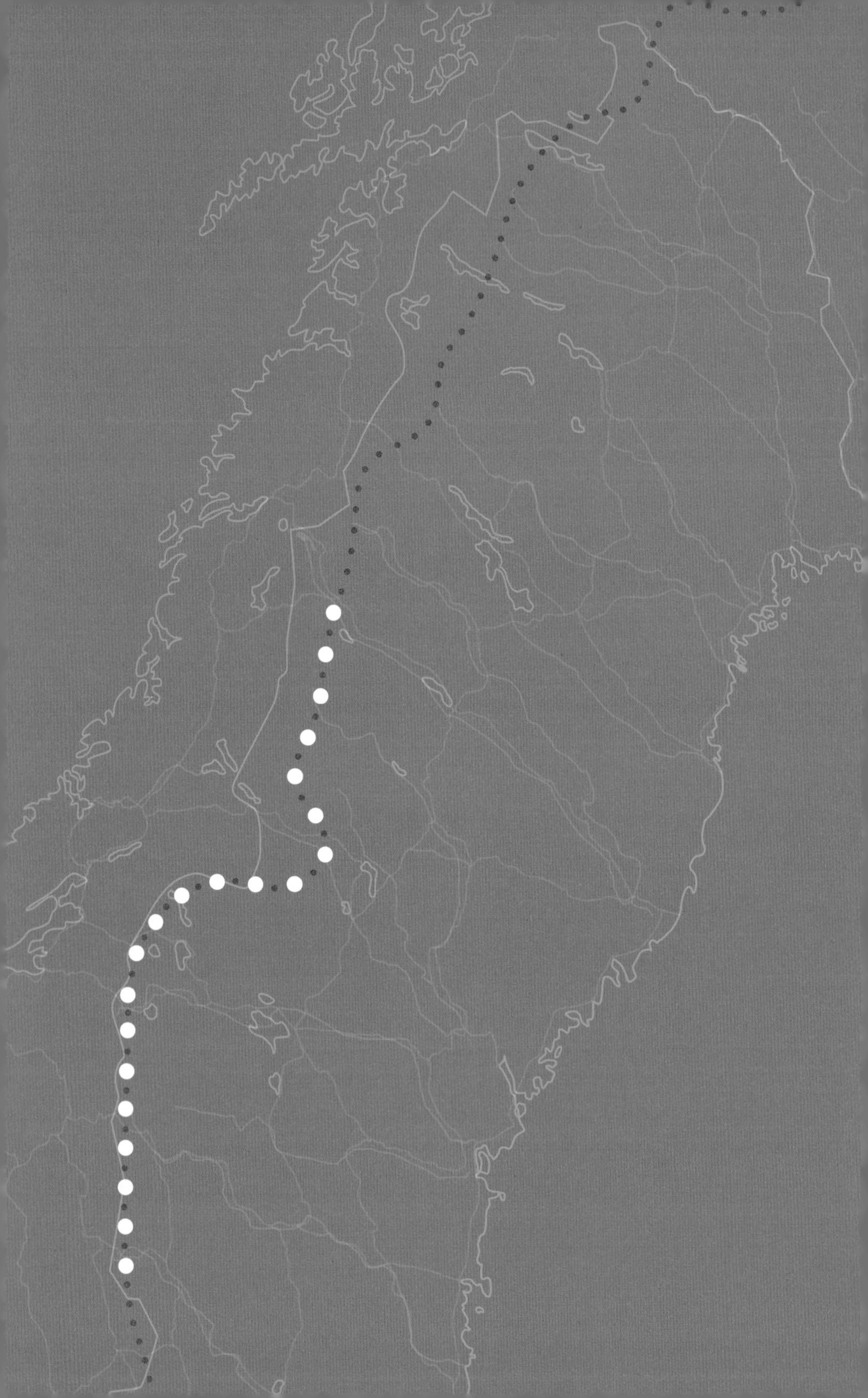

04

남부 쿵스레덴

175km 지점

알지 못했던
남부 쿵스레덴

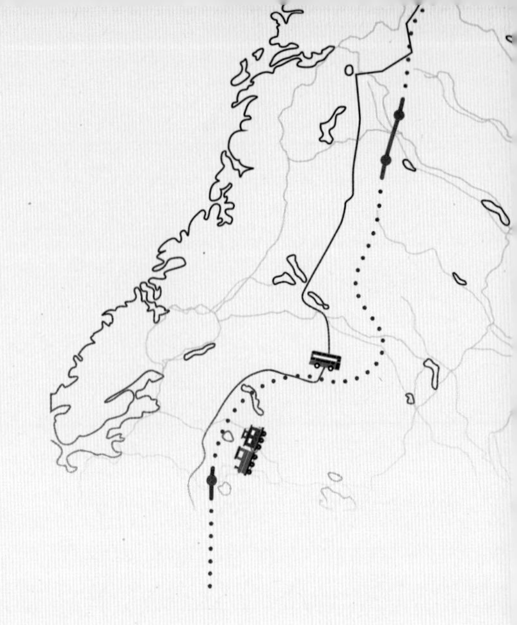

코스

헤마반Hemavan 버스 2시간→ 스토루만storuman 버스 5시간→
외스터순드östersund 기차 2시간→ 스톨리엔Storlien

"아프가니스탄에서 왔습니다."

"어떻게 오셨어요?"

"저는 내전 때문에 여기로 피난 왔어요."

"유감이에요."

"괜찮아요. 곧 살 곳도 찾을 수 있고
언젠가 제 나라도 살기 좋아질 거예요."

∞

겨울이 오면 봄이 멀지 않으리.

-- 셸리

사람들에게 알려진 쿵스레덴의 거리는 아비스코부터 헤마반까지 약 450km이다. 쿵스레덴을 관리하는 STF(스웨덴 관광 협회) 공식사이트에도 그렇게 언급되어 있다. 당연히 450km가 전부라고 생각하고 걸었지만 중간에 만난 스위스 아주머니 가비가 보여준 한 장의 사진 덕분에 비공식 남부 쿵스레덴이 존재한다는 것을 알게 되었다. 1970년대 쿵스레덴 확장 계획이 수립되었고 그 결과 헤마반에서 700km 정도 떨어져 있는 스톨리엔Storlien에서 시작하여 셀렌Sälen까지 이어지는 350km 코스가 추가로 만들진 것이다. 하지만 현재 STF에는 헤마반까지만 공식 쿵스레덴으로 소개되어 있어 남부 쿵스레덴은 아는 사람만 갈 수 있는 숨겨진 트레일이 되었다.

처음 계획했던 450km를 무사히 완주했을 때에 마음만 먹으면 해낼 수 있다는 자신감이 생겨 기쁨도 컸지만 남부 쿵스레덴을 알게 된

스토루만 역

스토루만 역에서 외스터순드행 버스를 기다리면서

이상 그곳을 걷지 않는다면 진정한 의미의 종주가 되지 않을 것이라는 생각이 계속 맴돌았다. 아니 어쩌면 37일 동안 정들었던 쿵스레덴을 떠나기 싫었던 것일 수도 있다.

헤마반에서 스톨리엔까지 가는 길을 찾는 것도 문제였지만 더 난감한 것은 남부 쿵스레덴에 대한 정보가 전혀 없다는 것이었다. 가비에게 듣기로는 길의 고저 차가 북부보다 심하고 남쪽으로 내려갈수록 깊은 숲 속으로 들어가게 될 거라고 했다. 가비도 남부 쿵스레덴으로 가서 3분의 1 정도만 걸어갈 것이라 했다. 계획에도 없었고 길에 대한 정보도 전무한 350km를 더 걷는다는 것이 망설여졌다.

가보지 않은 남부 쿵스레덴에 대한 호기심으로 정보를 찾다가 한 스웨덴 교통 사이트를 통해 헤마반에서 스톨리엔까지 가는 길을 알게 되었다. 스톨리엔까지 이동하는 방법이 해결되자 일단 스톨리엔에 가면 쿵스레덴에 대한 정보를 얻을 수 있을 것이고 걷기를 포기하지만 않으면 셀렌까지 도착할 수 있을 것이라는 희망을 가지게 되었다.

헤마반에서 스톨리엔으로 가기 위해서는 스토루만이라는 마을을 경유하게 된다. 스토루만 역에서 외스터순드행 버스로 갈아타려고 몇 시간째 기다리고 있는데 20대 중반 정도로 보이는 중동 남자가 대합실 문을 열고 들어왔다. 그의 인상은 밝아 보이기도 하고 그렇지 않기도 했다. 중동 사람이 드문 이곳에서 그는 나의 호기심을 자극했다. 관심 있게 말을 걸자 그는 싫지 않은 듯 내가 묻는 말에 대답을 해주었다. 그의 국적은 아프가니스탄으로 자국 내 분쟁을 피해서 스웨덴으로 피난을 왔다는 것이다. 처음 들어 보는 인상 깊은 자기소개였다. 일단 스웨덴 남부의 말뫼를 통해 들어왔는데 정확히 자신이 가야 할 목적지를 정하지는 못하고 있었다.

자신의 국가를 두고 타국에서 살아가야 할 그를 보니 안쓰러운 마음이 먼저 들었다. 유감이라는 나의 말에 그는 어쩔 수 없이 자국을 떠나야 하는 상황이 슬프지만 어딘가에 정착해서 살아갈 방법은 분명 있고, 아프가니스탄의 상황도 언젠가 나아질 거라며 희망의 끈을 놓지 않고 있었다. 눈에 보이는 그의 외모나 처지는 초라했지만 희망을 갖고 있는 그의 의연한 태도에 더 이상의 동정은 그에게 필요 없어 보였다.

희망이 얼마나 중요한가는 매일 쿵스레덴을 걸으며 목적지가 보일 때마다 느낄 수 있었다. 하루 트레킹 중에 목적지에 도착하기 3km

전이 체력적 · 정신적으로 가장 힘든 상태이다. 체력은 소진될 대로 소진되고 목적지에 가까워질수록 꿀맛 같은 휴식을 기대하며 마음이 조급해져서 몸과 마음이 따로 놀기 때문이다. 시간은 몸과 마음이 가까울수록 빨리 가고 멀어질수록 늦게 간다.

그런 점에서 출발 직후 3km와 도착하기 전 3km는 물리적 거리는 같지만 심리적 거리는 후자가 몇 배는 길게 느껴진다. 하지만 목적지의 오두막이 보일 때부터 이야기는 달라진다. 온몸의 피가 혈관을 터뜨릴 것처럼 맹렬하게 돌기 시작하고 힘이 치솟아서 출발지에서 막 걸음을 떼었을 때보다 더 힘찬 발걸음을 내디딜 수 있게 된다.

그때의 에너지는 금요일을 맞이하는 회사원이나 수업이 끝나기 10분 전에 학생들이 느끼는 그것과는 비견할 수가 없다. 희망, 특히 간절한 소망은 위기와 절망 속에서 버틸 수 있는 힘이 된다는 체험이었다.

50년 전 미국에서 교회 목사이자 인권 운동가인 마틴 루터 킹이 인종차별적 환경 속에서 희망을 주제로 연설을 하여 사람들의 마음을 감동시켰다. 그는 흑인에 대한 인종차별 문제를 해결하기 위해 삶을 바쳤고 언젠가 인종평등의 세상이 온다는 희망을 가졌다. 1963년 8월 23일 노예 해방 100주년을 기념하면서 '나에게는 꿈이 있습니다.''I have a dream'라는 제목의 연설을 했다.

"여러분! 언젠가는 우리의 자녀들이 피부색이 아니라, 인격에 따라 평가 받는 그런 나라에서 살게 되리라는 꿈이 있습니다. 그 꿈은 반드시 이루어질 것이며, 우리가 마음을 합친다면 더욱 빨리 그 꿈을

목적지가 보일 때마다 희망이 얼마나 중요한지 느낄 수 있다.

이룰 수 있을 것입니다. 여러분! 석양이 지는 오후, 창밖의 풍경을 바라보면서 아름다운 이야기를 나누고 싶지 않으십니까? 형제자매, 이웃들과 함께 즐겁게 식사를 하면서 저마다의 꿈을 나누는, 그런 자유와 평화를 누리는 그날이 멀지 않았음을 저는 확신할 수 있습니다. 여러분, 그날이 올 때까지 용기와 희망을 가집시다!"

대단하지 않은가. 그는 인종차별이 당연시되던 시대에 언젠가 모두가 평등하게 존중 받으며 살 수 있는 날이 올 것이라는 희망을 가졌다. 그의 희망은 미국 정신의 근간이 되어 현재에도 인종평등을 이루려는 노력은 계속되고 있다.

삶에 희망이 없다고 상상해 보라!

사무엘 존슨은 희망이 있어야 노력하는 사람이 될 수 있다고 말했다.

"희망이 없으면 노력도 없다. 희망이 없는데, 노력할 사람이 어디 있겠는가? 노력하는 데는 그만한 이유가 있는 것이다. 목표 없이 일하는 사람은 없다. 골인지점 없이 달리는 마라톤 선수는 없다. 희망을 먼저 갖자. 그리하면 자연히 노력하는 사람이 될 테니까."

마틴 루터 킹도 평등한 세상이 올 거라는 희망이 있었기에 백인과 흑인이 동등한 인권을 가질 수 있는 사회를 위해 노력하고 헌신했고, 나 역시도 쿵스레덴을 종주할 수 있다는 희망을 놓지 않았기에 포기하지 않고 종주할 수 있었다. 우리 가슴 속에도 희망의 씨앗이 심겨져 있다면 더 나은 미래의 삶을 기대할 수 있을 것이다.

안 보다 밖이 따뜻한 이유, 배려

코스

스톨리엔Storlien 15.5km → 블로함마렌스Blåhammaren 18km → 쉴라나스Sylarnas 20km → 헬라그스Helags

"감사합니다."

"감사합니다."

∞

사람이 사람을 헤아릴 수 있는 것은 눈도 아니고,
지성도 아니거니와 오직 마음뿐이다.

– 마크 트웨인

북부 쿵스레덴에서 나는 배려나 양보할 수 있는 마음의 여유를 갖지 못했다. 내 몸 하나 제대로 챙기기도 힘든데 다른 사람의 형편이 눈에 들어올 리 만무했다. 외나무다리를 건너거나 길 폭이 좁아서 한 명 밖에 지나다닐 수 없는 길이 나오면 앞에 다가오는 사람이 먼저 길을 비켜주었다. 곧 죽을 것 같은 얼굴 표정으로 걸어서인지, 보기 힘든 동양인이 다가와서인지 이유는 정확히 모르지만 그들은 나에게 먼저 지나가라고 길을 양보해 주었다. 사실 내가 먼저 누군가 앞에

좁은 다리나 길에서 내가 주춤거릴 때 사람들은 웃는 얼굴로 먼저 길을 내준다.

오는 걸 알아챘을 때도 비켜 주어야 하나 먼저 가야 하나 주춤거리는 순간에도 그들은 이미 길을 내주었다.

가끔 오두막을 이용할 때는 얕은꾀를 부렸다. 친환경 오두막이기 때문에 요리를 하거나 화장실 이용 후 손 씻을 물이 필요하면 직접 강이나 호수에서 물을 떠와야 한다. 그리고 사용해서 더러워진 물은 양동이에 버리고 꽉 차게 되면 직접 폐수 시설에 가져가서 버려야 한다.

시스템이 이렇다 보니 남들이 다 채워 놓은 양동이를 괜히 마지막에 이용했다가 버리러 다녀오게 되면 덤터기를 쓴 기분이 들었다. 운에 맡겨진 룰이지만 아픈 발과 피곤한 몸을 이끌고 있으니 그렇게 이기적인 생각이 들었다. 그래서 양동이 안의 물이 버려야 할 정도로 채워져 있으면 다른 사람이 버리고 오기 전까지 물을 사용하지 않고 기다리기도 했다.

하루는 부엌에서 쉬고 있는데 할아버지와 어린아이가 함께 부엌문을 열고 들어왔다. 할아버지는 아이의 손을 잡고 있었고 함께 부엌을 돌아다니면서 서랍도 열어보고, 가스 불도 켜 보며 부엌의 조리 도구들을 어떻게 이용해야 하는지 알려 주었다.

그 모습을 지켜보고 있는데 할아버지는 조금 차 있는 폐수 양동이를 아이에게 들게 하더니 함께 바깥으로 나갔다. 그러고는 폐수 시설 앞에서 아이가 들고 온 양동이의 물을 버리면서 이곳이 물을 버리는 곳이고 더러우면 솔로 닦아야 된다고 가르쳐 주는 모습이 창밖으로 보였다. 아이는 빈 양동이를 들고 안에 들어와 제자리에 갖다 놓았다.

아이가 양동이를 들고 들어올 때 나와 두 번 눈이 마주쳤다. 이기적이고 잔꾀 가득한 눈에 비친 아이의 눈은 무척 맑고 초롱초롱해 보였다. 아이는 자기 손에 들려 있는 양동이에는 전혀 관심이 없었고 낯선 동양인인 나를 바라보는 데만 집중했다.

오두막 내의 부엌 모습. 위 양동이에는 깨끗한 물이 담겨 있고, 아래 양동이에는 사용한 물이 담겨 있다.

자기 몸보다 더 큰 양동이를 들고 가는지 끌고 가는지 모를 작은 어린아이의 순진무구한 눈은 앞으로 내가 양동이를 비우는 게 정의라고 말하는 것 같았다. 그 이후로 그 오두막에서 그 아이가 양동이를 비울 일은 없었고 눈치 보면서 물을 버리는 일도 하지 않았지만 여전히 적극적인 배려를 하지는 못했다.

남부 쿵스레덴을 걷기로 결심하고 스톨리엔에서 첫발을 내디뎠을 때는 트레킹

초보 딱지를 뗀 것 같은 자신감과 여유가 생겼다. 처음 걷는 길이지만 지나온 길 덕분에 익숙하게 느껴졌다.

블로함마렌스에서 하루를 묵었을 때 밤새 내내 태풍이 지나가는 것처럼 악천후였다. 아침에 일어나 텐트를 접을 때도 비바람은 여전히 세찼고 얼어붙은 손으로 겨우 짐을 챙기고 쉘라나스를 향해 출발할 수 있었다. 비는 추적추적 나를 따라다녔다. 20kg를 메고 걸으며 유지하던 체온도 비 맞은 장작처럼 눅눅하게 식어 갔다.

3시간 정도 지났을 무렵, 쉘라나스에서 8km 정도 떨어진 엔켈렌 Enkälen 쉘터가 눈앞에 보이기 시작했다. 잠시 온기를 느낄 수 있겠다는 생각에 신이 났다. 오두막의 문을 열었을 때 불도 때지 않은 빈 공간에서조차 온기가 느껴졌다. 잠시 동안 비를 피하며 쉬기에는 최적의 장소였다.

배낭을 벗고 매트리스를 꺼내 바닥에 깔고 누우려는 찰나, 밖에서 사람들의 목소리가 들려왔다. 문이 열리더니 마치 놀이동산 입구에서 기다리던 관람객들이 입장하듯이 아이들이 쏟아져 들어온 후 부모로 보이는 어른들이 차례차례 들어왔다.

쉘라나스 가는 길, 나를 따라다니는 비구름

확실히 그들은 여러 가족들이 팀을 꾸린 모임이었다. 인원이 너무 많았는지 쉘터에 들어오지 못하고 짐만 두고 밖으로 나가려는 아저씨도 있었다. 행동만 봐도 부인에게 아이를 맡기며 자기는 밖에서 쉬고 있겠다는 말을 하는 것처럼 보였다. 그가 나갔을 때 나도 짐을 챙겨서 밖으로 나왔다. 그리고 그에게 자리가 있으니 들어가라고 말했다. 그는 고맙다며 안으로 들어갔고 나는 밖으로 나와서 쉘터 옆에 매트를 깔고 비를 맞으며 점심을 먹었다.

추운 겨울에 집 안으로 들어와 이불 속으로 들어가면 두 번 다시 나오기 싫듯 꽉 차도록 사람들이 밀려 들어왔지만 추운 바깥으로 나가고 싶지 않았다. 더군다나 먼저 쉘터에 도착했기 때문에 한 자리를 차지하는 건 당연한 일이었다. 하지만 안에서 쉬는 것보다 못 들어온

그에게 자리를 양보해서 가족이 함께 시간을 누리게 하는 게 더 편하고 좋을 것 같았다. 그렇게 하고 보니 생각보다 마음이 더 편했고 행복한 기분까지 들었다.

바깥에서 쉬고 있는 동안 신도 조금은 감동했는지 빗줄기도 잦아들고 풀잎들도 더 이상 흔들리지 않았다. 어쩌면 기분 탓일지도 몰랐다. 황무지를 보며 빵을 먹고 있는데 마지막으로 오두막에 들어갔던 아저씨가 따뜻한 커피 한 잔을 들고 나와 내게 건네주었다. 그와 함께 잠시 이야기를 나누었고 내게 진심으로 고맙다는 말을 하며 다시 들어갔다.

밖에서 비에 젖은 빵을 먹으면서도 기분이 좋았고 춥지도 않았다. 아마 추위를 잊은 이유는 파스칼 덕분이었을 것이다. '자기에게 이로울 때만 남에게 친절하고 어질게 대하지 말라. 지혜로운 사람은 이해관계를 떠나서 누구에게나 친절하고 어진 마음으로 대한다. 왜냐하면 어진 마음 자체가 나에게 따스한 체온이 되기 때문이다'라고 했으니 말이다. 하루 종일 비를 맞고 추위 속에 떨며 찡그리던 얼굴에 묘하게 따뜻한 미소가 흘러 나왔다. 내게 길을 비켜주던 사람들의 미소가 떠올랐다. 분명한 건 감사하다는 말을 건네며 고개를 숙이고 길을 지나가는 것보다 쉘터의 자리를 양보하며 고맙다는 말을 듣는 게 더 기분 좋은 일이었다.

↑ 시토야우레 가는 길, 기본적인 쉘터의 외형

← 비 오는 날 쉘터 안의 풍경, 쉘터에는 불을 지필 수 있도록 장작이 준비되어 있고 화로가 설치되어 있다. 불 피우는 기술을 익혀 두면 악천후에 쉘터에서 따뜻하게 휴식을 취할 수 있다.

← 쉘터 입구에 각자 젖은 옷과 장비를 말려둔 채 식사 후 휴식을 취하고 있다.

10,000km
밖에서 보이는 가족들

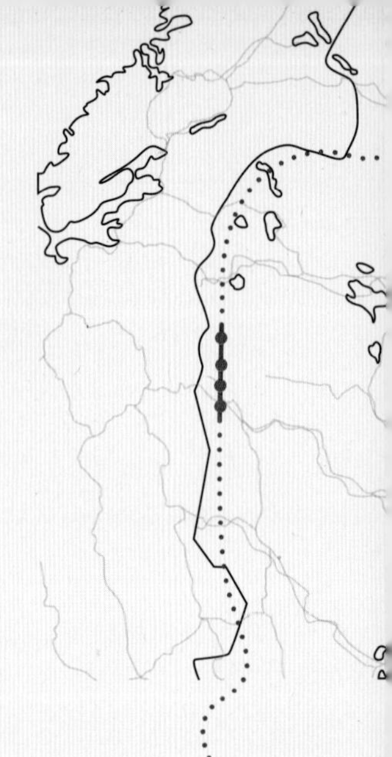

코스

헬라그스Helags 13km → 펠셰가르Fältjägar 8km → 스발렛티아케Svaaletjahke 21km → 피엘네스Fjällnäs

"북부와 남부 쿵스레덴을 모두 걷는 한국인은 제가 처음 아닐까요?"

"그럴 것 같네요. 북부와 남부를 모두 걸은 사람은 스웨덴에도 거의 없거든요. 대단한 일이에요!"

"남부도 무사히 다 걷는다면 정말 대단할 거예요."

"그런데 이곳까지 당신을 보내준 부모님은 더 대단한 것 같네요."

∞
인간은 자신이 필요로 하는 것을 찾아 세계를 여행하고 집에 돌아와 그것을 발견한다.

– 조지 무어

중간에 조금씩 인터넷이 연결되었지만 아는 사람, 외부와의 연락은 최소한으로 절제하였다. 가족이나 친구들이 그립기는 했지만 단절과 고독을 통해 배울 수 있는 무언가가 있을 것이라 생각했다. 형과 안부를 확인하는 일을 제외하고는 다른 사람과 연락한 일은 거의 없었다. 그런데 헬라그스에 도착했을 때 뜻하지 않게 어머니와 연락이 닿았다. 그동안 형을 통해서 소식을 듣다가 직접 연락을 한 것이다.

평소 어머니는 적극적이지만 차분한 성품을 가진 분이었다. 반 백년이 넘는 세월의 우여곡절 속에 단련이 된 것인지, 내가 태어나서

말하고 걷는 일보다 더 놀라운 일이 없어서인지 모르지만 희로애락의 순간에 표출되는 감정이 36.5도의 체온처럼 적당히 조절되어 있다. 하지만 문자 메시지를 통해 오랜만에 만난 어머니의 표현은 평소와 달랐다. 하트 이모티콘이 주를 이루었고 '자랑스럽다'는 단어가 문장마다 담겨 있었다.

특히 집을 떠나기 전 어머니의 모습과 판이하게 달라서 많이 당황스러웠다. 쿵스레덴에 간다고 결정했을 때만 해도 어머니는 시큰둥한 반응이었다.

"좋은 경험은 되겠다만 왜 굳이 고생스럽게 위험한 곳에 가려고 하니? 사서 고생하지 않아도 앞으로 고생할 일은 많고 군대 다녀왔으면 충분하다."

이렇게 말했던 어머니가 '세상에서 우리 아들이 제일 자랑스럽다. ♡♡♡'라고 보내온 것이다. 청년실업이 문제가 되는 현 세태에 직장을 그만두고 다른 일에 도전하겠다고 한다면 어느 부모가 흔쾌히 찬성할 수 있겠는가? 그럼에도 불구하고 자신의 계획에 따라 결행한 후 인정받게 되었을 때의 기분은 옳고 그름을 떠나서 더 할 수 없는 쾌감과 뿌듯함이 느껴졌다. 그리고 혼자 해내고 있다는 자신감에 자기애가 충만해졌다.

의기양양하게 다음 오두막인 펠세가르에 도착했다. 우람한 거인처럼 오두막 바로 앞 계단을 밟고 배낭을 내려놓았다. 인기척이 느껴졌는지 주인아주머니가 오두막에서 나와 딸기차를 내주며 친절하게 맞이해 주었다.

펠셰가르 주인아주머니의 감탄. “당신의 부모님은 당신보다 더 대단해요.”

아주머니는 쿵스레덴의 북쪽과 남쪽 전체를 트레킹하는 한국인은 처음 봤다며, 신기하고 대견하다고 칭찬해 주는 바람에 우쭐해졌다. 대화를 나누다가 아주머니는 내게 이곳에 온다고 했을 때 부모님이 뭐라고 했는지 물었다. 걱정하시기는 했지만 별다른 반대는 없었고 조심해서 다녀오라고 했다는 말을 전했다. 그리고 전에도 이렇게 여행을 다닌 적이 있는지 물어왔다. 어릴 때부터 여러 나라를 가족과 다니기도 하고 대학시절 미국 교환학생 학기를 마치고 혼자서 60일 넘게 네 개 대륙과 아마존, 사하라 사막을 여행한 적이 있다고 자랑스럽게 말했다.

그녀는 그동안의 나의 여행과 이번 트레킹을 보니 대단한 사람이라고 느끼지만 부모님은 더욱 대단한 사람일 거라고 말해 주었다. 부모로서 자녀가 세계를 여행하면서 그 안의 다양한 문화를 경험하고 낯선 사람들을 만나도록 허락한다는 것은 대단한 부모가 아니라면 할 수 없는 일이라고 덧붙였다.

그녀의 얘기는 자아도취 되어 있던 나의 뒤통수를 크게 한 대 쳤다. 그제야 가족들이 그동안 아낌없이 지원해 주었던 헌신과 희생들이 보이기 시작했다. 이번 트레킹 준비만 해도 자잘한 장비나 기능성 속옷, 트레킹용 바지, 외투조차도 아버지의 서랍 속에서 꺼내온 것이었다. 형은 쿵스레덴에 있는 동안 해결할 수 없는 예비군 훈련 연기 신청, 해외 카드이용 신청 등의 개인적인 일들을 처리해 주었고 어머니는 금전적인 지원과 기도로 불편함이나 사고가 없도록 애써 주셨다.

돌이켜 보면 막내라는 이유로 가족 구성원 중 가장 큰 사랑과 헌신을 받으며 지내왔다. 그러나 너무나 익숙해져 있어 당연하다는 듯 가족들에게 감사하거나 가족들을 소중히 생각하지 못한 것이다. 가족

의 커다란 사랑을 깨닫는 순간 너무 미안하고 감사해서 집이 보일 것 같은 방향으로 돌아서니 그리움이 가득 밀려왔다.

주변의 소중함을 깨닫지 못하는 사람들을 위해 미국의 한 신문사에서 실험을 했다. 한 청년에게 미국 워싱턴D.C 지하철 랑팡역에서 청바지와 티셔츠를 입고 야구모자를 눌러 쓴 채 바이올린을 연주하도록 했다. 43분 동안 일곱 명의 청년들이 1분 정도 바이올린 연주를 지켜 보았고 바이올린 케이스에 모인 돈은 32달러 17센트에 불과했다. 다음날 신문을 펼친 사람들은 깜짝 놀랄 수밖에 없었다. 그 청년은 미국인들이 가장 사랑하는 바이올리니스트 조슈아 벨이었기 때문이다. 그는 그날 약 30억 원 가치의 스트라디바리우스를 들고 연주를 했던 것이다. 하지만 그의 앞을 지나갔던 1,070명은 단 1초도 그를 쳐다보지 않고 지나쳤다.

가장 소중한 것이 가장 가까이에 있다는 말은 누구나 알지만 가장 소중한 것을 가장 가까이에서 찾는 사람은 진정 드물다.

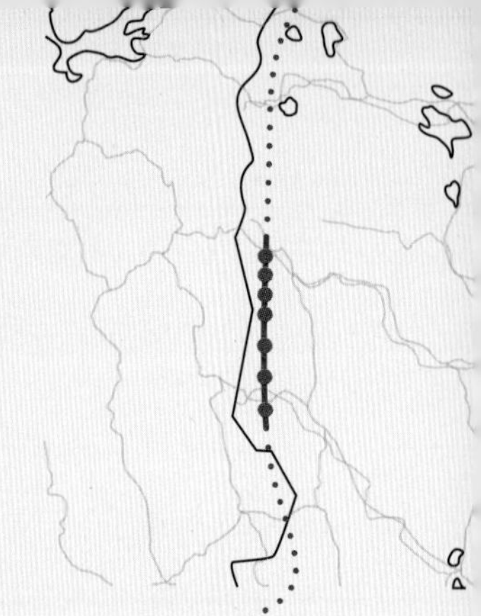

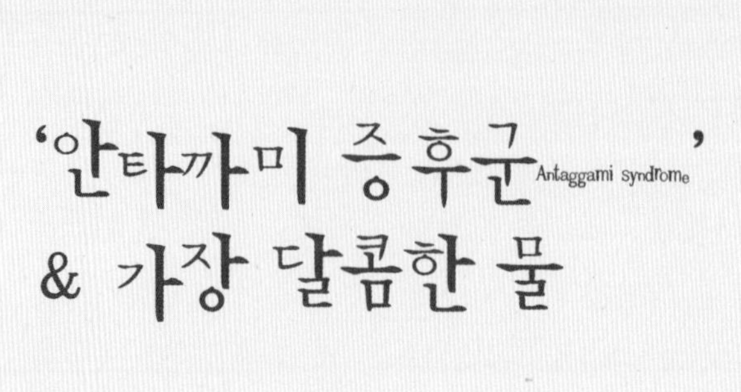

'안타까미 증후군Antaggami syndrome' & 가장 달콤한 물

코스

피엘네스Fjällnäs 19.5km → 브로크셰른스코얀Broktjärnskojan 9.5km → 셰드브로Skedbro 18km → 로겐Rogen 15km → 스토뢰드셰른Storrödtjärn 2.5km → 슬라구펀Slagusjön 16.5km → 그뢰벨펀Grövelsjön

"영문아, 여기선 정말 물맛이 최고야."

"그래? 그래도
오두막에 도착했을 때 마시는 콜라가 최고던데."

"아냐. 딱 지금처럼
산에 올라와서 마시는 물이 진짜 최고야."

"아! 나도 물이 더 맛있을 때가 있어.
길을 잘못 들어갔다가 되돌아왔을 때."

∞

중국인은 '위기(危機)'를 두 글자로 씁니다.
첫 자는 위험(危)의 의미이고 둘째는 기회(機)의 의미입니다.
위기 속에서는 위험을 경계하되 기회가 있음을 명심하십시오.

– 존 F. 케네디

지도와 GPS를 지니고 있음에도 불구하고 끝없이 펼쳐지는 벌판과 숲 속을 걷다 보면 방심하는 순간 길을 잃게 된다. 주위가 대부분 나무, 흙, 돌뿐이라서 몇 킬로미터를 걸어도 풍경이 크게 바뀌지 않기 때문이다. 가끔은 같은 길을 또 걷는 듯한 착각에 빠진다. 게다가 숲 속에서는 방향감각이 상실되어 다른 방향으로 걷고 있다는 것을 뒤늦게 깨닫는 경우가 많다. 하루 15~20km를 걸어가는 일정에 2~3km 정도 길을 잘못 들어서게 되면 왕복으로 5km를 더 걸어야 한다. 특히 숲 속에서 길을 잘못 택하게 되면 본래의 길로 다시 가로질러 가고 싶어도 오히려 되돌아가서 길을 따라가는 게 나을 정도로 쿵스레덴을 벗어난 길은 위험하고 험난하다.

길을 잘못 들어선 날은 다른 어떤 날보다도 피로가 누적되고 기분까지 엉망이 된다. 한두 시간은 족히 걸어 온 거리를 다시 되돌아갈 생각을 하면 온몸의 힘과 의욕이 연기처럼 빠져나간다. 그렇지만 어차피 가야 할 길이라는 생각에 조바심이 나며 인생을 잘못 살기라도 한 것처럼 죽기 살기로 걷기 시작한다.

트레킹 코스를 바르게 가고 있다고 생각할 때는 주변의 경관을 구경하거나 이런저런 상념에 빠져들기도 하지만 길을 이탈하여 다시 되돌아 갈 때는 시선을 목적지에 고정시킨 채 주위를 둘러볼 여유조차도 없이 직진을 하게 된다. 길을 잃기 전에는 리듬감 있고 여유로운 호흡을 하게 되지만 되돌아갈 때의 숨소리는 귀에 거슬리는 불협화음이 된다. 가급적이면 최대한 빨리 원래의 코스로 돌아가야 한다는 조급함으로 다리와 등산 스틱은 따로 놀기 일쑤고 무거운 배낭은 나를 끌어당기는 느낌에다 발은 앞서나가려 하지만 휘청거리게 된다.

브로크셰른스코얀에서 셰드브로로 가는 날, 바로 그런 장면이 연출되었다. 깊은 정글 숲 속에서 길을 걷기 시작했고 숲을 빠져 나오자마자 돌길이 이어졌다. 남부에서도 이 구간은 특히 걷기가 힘들었다. 바위 크기만 한 돌들이 길을 덮고 있어서 걸음마다 발목이 앞뒤좌우로 마구 꺾였다. 속도를 내고 싶어도 걸림돌들로 인하여 제대로 걸어지지 않고 누가 몸에 빨대를 꽂고 빨아들이듯 체력은 급속히 소진되었다.

몇 시간을 걷고 나서야 스팽이 깔린 길이 나오고 강 위의 다리로 길이 이어졌다. 꽤나 큰 강이어서 그런지 주위에 넓은 캠핑 터가 형성되어 있었다. 캠핑하기 좋은 장소이기 때문에 맘 편히 쉬고 싶었지만 이날은 평소 걷는 속도의 절반도 미치지 못하여 물만 보충하고 서둘러 짐을 챙겨 다시 출발했다.

강을 따라 수월하게 걸을 수 있는 흙길이 이어졌다. 숲 속을 나와 눈앞에 트인 풍경과 강물 소리를 들으니 평화로움이 찾아 들었다. 걷기도 한결 편안해져서 작은 냇물들이 나타났을 때는 개구리처럼 경쾌하게 건넜다. 하지만 그것도 잠시, 또 다시 길은 사라지고 수풀 더미와 돌무더기가 나타났다. 시선이 닿는 먼 곳까지도 길은 다시 나올 기미가 보이지 않았고 느끼고 싶지 않은 묘한 불안감까지 엄습했다.

즉각적으로 무언가 잘못되고 있다는 것을 감지하고 지도를 펼쳐서 GPS를 확인했다. GPS상의 현재 위치는 쿵스레덴에서 2~3km 서쪽으로 떨어져 있었다. 강과 수직을 이루는 남쪽으로 걸어야 했는데 서

쪽으로 흘러가는 강을 따라 걸었던 것이다. 서두르다 보면 이따금씩 중간 중간 확인하지 못하고 무작정 걸어가는 경우가 있었다.

여러 번 이런 경험을 하다 보니 트라우마가 생겼다. 길을 잘못 들었다고 깨닫는 순간 힘이 쭉 빠지고 아무 생각 없이 멍 때리다가 다시 돌아가야 한다는 생각에 조급해지는 증상들이 나타났다. 이런 증상을 '안타까미 증후군Antaggami Syndrome'이라고 스스로 명명했다. 애써 왔던 길을 되돌아가야 한다는 것이 안타깝고 이런 일들이 고통을 안겨 주는 미저리 현상 같아서 우리말의 '안타깝다'와 영어 '미저리Misery'를 합성하여 붙인 이름이다.

'안타까미 증후군'에 시달린 후에는 항상 자책이 뒤따라왔다. 그런 후 숨도 제대로 못 쉬고 돌아오느라 물 한 모금 마실 시간도 없었다. 다시 다리가 놓인 캠핑 장소로 돌아왔을 때에는 수통에 있는 물을 필터링도 하지 않은 채 벌컥벌컥 마셔 버렸다. 목마름의 갈증뿐만 아니라 불안과 조급함에 생겨난 '안타까미 증후군'도 함께 씻겨 내려가는 듯했다. 이런 경우 목마름의 해소는 길을 잃고 되돌아가는 최악의 시간 안에 가장 달콤한 물을 마실 수 있는 기회가 숨어 있다는 것을 의미했다.

이처럼 대부분의 기회는 위기라는 탈을 쓰고 알게 모르게 다가온다. '나는 기회입니다'라고 대놓고 다가오면 좋을 텐데 말이다. 그래서 위기 속에서 기회를 붙잡는 사람은 소수에 불과한 것일까. 러시아 문호 톨스토이도 그러한 소수의 사람들 중의 하나이다.

톨스토이는 《전쟁과 평화》, 《안나 카레니나》, 《부활》과 같은 명작들을 남긴 위대한 소설가이자 사상가로 알려져 있지만 사실 그는 어렸을 때부터 심한 외모 콤플렉스를 가지고 있었다. 친구들은 그의 외모를 놀려댔고 외모 때문에 불행하다고 느낀 톨스토이는 날마다 자기 전에 신에게 기도를 올렸다고 한다.

"신이 있다면 저에게 기적을 베풀어 주소서. 외모를 아름답게 변화시켜 주시면 제 모든 것을 바쳐 기쁘게 해 드리겠습니다."

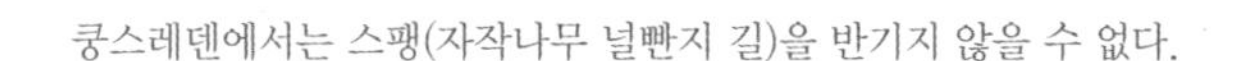

쿵스레덴에서는 스팽(자작나무 널빤지 길)을 반기지 않을 수 없다.

어느 날 톨스토이는 자신이 글쓰기에 소질이 있다는 사실을 발견했다. 그리고 역사에 남을 작품들을 만들어 내는데, 그의 작품들은 인간의 내면에 대한 깊은 통찰을 하고 있다는 평을 받게 된다. 그는 후에 '사람의 아름다움은 외모에 있는 것이 아니라 진정한 아름다움은 내면에 있다'고 말한다.

톨스토이는 어렸을 때의 외모 콤플렉스 덕분에 사람의 내면을 깊이 통찰할 수 있는 눈을 가지게 된 것이다.

'누가 인내를 달라고 기도하면 신은 그 사람에게 인내심을 줄까요? 아니면 인내를 발휘할 수 있는 기회를 줄까요?'라는 한 영화의 대사처럼 신은 위기를 포장으로 기회라는 선물을 우리에게 주는 것일지도 모른다.

Tip 스톨리엔Storlien ~그뢰벨펀Grvelsjn

헤마반Hemavan → 스토루만storuman → 외스터순드östersund → 스톨리엔Storlien → 블로함마렌스Blåhammaren → 쉴라나스Sylarnas → 헬라그스Helags → 펠셰가르Fältjägar → 스발렛티아케Svaaletjahke → 피엘네스Fjällnäs → 브로크셰른스코얀Broktjärnskojan → 세드브로Skedbro → 로겐Rogen → 스토뢰드셰른Storrödtjärn → 슬라구펀Slagusjön → 그뢰벨펀Grövelsjön

∞ 헤마반에서 스톨리엔으로 가는 법

1 헤마반에서 스토루만 31번 버스, 소요시간 약 2시간, 비용 140~160크로나, 하루에 2대

2 스토루만에서 외스터순드 45번 버스, 소요시간 약 5시간, 비용 260~290크로나, 하루에 2대

3 외스터순드에서 스톨리엔 기차, 소요시간 약 2시간, 비용 190~380크로나, 하루에 3대

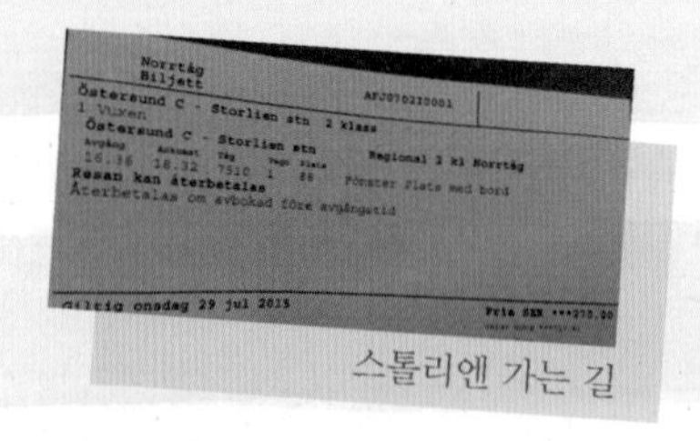

스톨리엔 가는 길

버스가 하루에 2대 밖에 없기 때문에 하루 만에 헤마반에서 스톨리엔까지 가기는 힘들다. 외스터순드에 저렴하게 묵을 수 있는 STF호스텔이 있다. 그리고 스톨리엔이 시작점이지만 실제로 STF숙소를 잡으려면 스토발렌Storvallen이라는 마을까지 4km 정도 걷거나 버스를 타고 이동해야 한다.

이 구간은 전반적으로 북부 쿵스레덴에 비해 난이도가 한 단계 높아진 느낌이다. 더 질척거리고, 더 경사가 가파르고, 더 돌길이 많다. 하지만 오두막과 스테이션, 쉘터가 적당한 거리에 자리 잡고 있기 때문에 자신의 페이스를 유지하며 부담 없이 걸을 수 있다. 북부에서는 보지 못했던 빙하나 폭포와 같은 경치를 즐길 수 있으며, 점차 삼림지대가 많아지면서 순록뿐만 아니라 뱀이나 희귀한 조류 등 다양한 동물들을 만날 수 있다.

∞ 스토발렌, 블로함마렌스, 쉴라나스, 헬라그스, 그뢰벨펀은 인터넷 연결과 가게 이용이 가능하다. 펠셰가르, 셰드브로, 로겐, 스토뢰드셰른은 가게 이용만 가능하다.

← 셰드브로 오두막 앞 나무로 만든 작품
Välkommen
환영합니다
Welcome

↓ 로겐 가는 길에 만난 윈드 쉘터, 윈드 쉘터는 일반 쉘터와는 달리 문이 없고 개방형이다. 숙박하기에는 적절치 않지만 식사를 하거나 악천후를 피할 때 이용하면 좋다.

∞ 헬라그스에는 헬라그스 글라시에르Helags glaciär라는 스웨덴 최남단의 빙하가 있다. 헬라그스는 신성한 산이라는 뜻으로 이곳에는 녹지 않는 얼음과 눈이 산을 덮고 있다. 헬라그스 오두막에서 2~3시간 정도면 정상까지 갈 수 있다. 우스운 이야기지만 운이 좋다면 필자처럼 한 여름에 우박을 맞으며 하산할 수도 있다. 남부 쿵스레덴을 간다면 그냥 지나치지 말고 하루 시간을 내서 꼭 한번 정상까지 다녀오기를 추천한다. 이색적이고 매혹적인 경치를 볼 수 있을 것이다.

∞ 피엘네스에서는 사유화되어 있는 다리를 건너서 숲 속으로 들어가면 쿵스레덴이 다시 이어진다. 가끔 마을에서 쿵스레덴으로 들어가는 길은 하나만 있는 것이 아니기 때문에 지도를 보고 방향을 맞춰서 걷다 보면 찾을 수 있다.

∞ 걷다가 힘들다면 피엘네스나 그뢰벨펀에서 버스를 타고 쿵스레덴에서 벗어날 수 있다. 피엘네스 이후부터는 길이 잠시 거칠어지지만 그만큼 아름다운 경관들이 펼쳐진다.

오두막 주인이 잠시 자리를 비운 경우에는 이처럼 물건을 꺼내 놓고 물건 값을 병에 넣어 두도록 하는 경우도 있다.

∞ 그뢰벨펀에 도착하면 이후 식량을 구입할 수 있는 곳은 플러트닌옌밖에 없기 때문에 식량 배분을 생각해보는 게 좋다. 플러트닌옌 마트에는 셀렌까지 가는 마지막 지도를 판매하고 있으며, 조리시간이 3분, 5분 걸리는 쌀 등 다양한 상품이 진열되어 있다.

↑ 일반 운동화를 신고 올 경우 너덜너덜해져 테이프로 수선하기도 한다.

↑ 쿵스레덴에서 트레킹하는 가족, 배고파하던 꼬마 아이가 양손 가득 과자를 집고 있다.

그뢰벨펀 스테이션

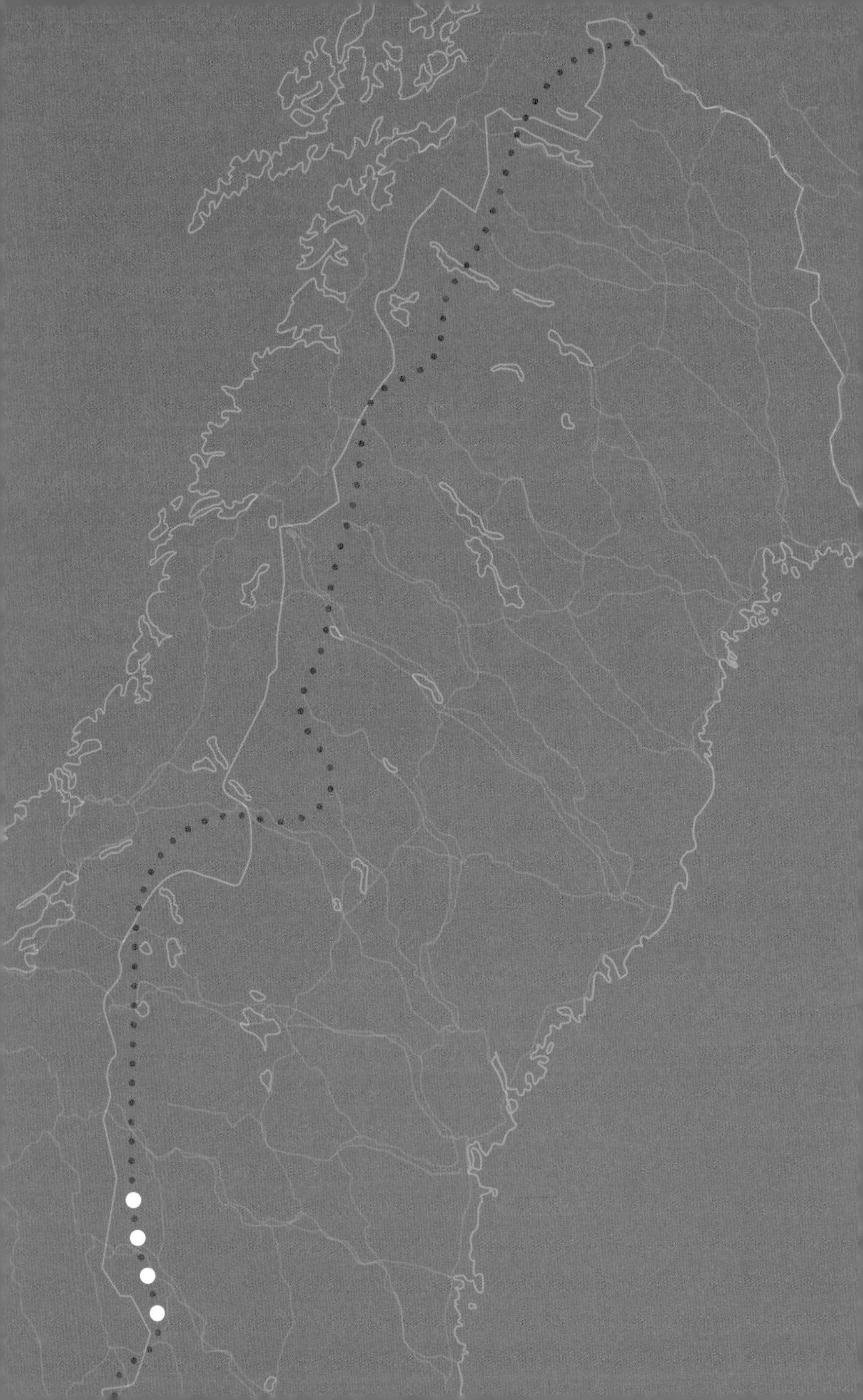

05
남부 쿵스레덴
350km 지점

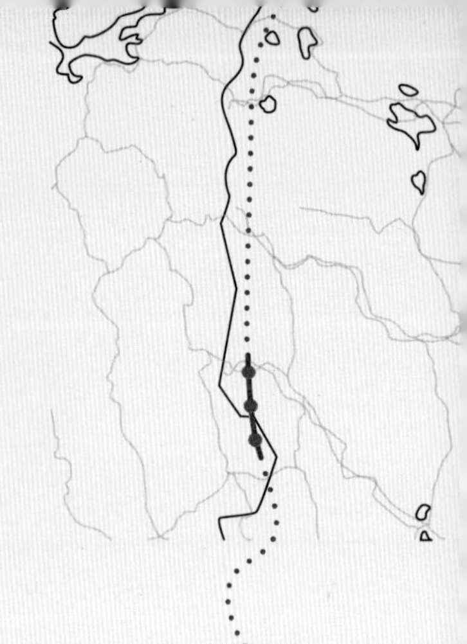

혼자일 때 보이는 방

코스

그뢰벨펀Grövelsjön 19.5km → 구투달스쿠얀Guttudalskojan 17km → 플러트닌옌Flötningen

"그래도 우리 지금까지 잘도 걸어왔네. 이제 절반(175km) 밖에 안 남았어."

"실은 나는 중간에 집에 돌아가려고 했어."

"왜? 오다가 다쳤어?"

"아니. 지난 3~4일 동안 걸으면서 지나가는 사람을 딱 한 명 봤거든. 외롭고 쓸쓸해서 중간에 집에 가고 싶더라고. 다행히 뒤에서 오던 사람과 친구가 돼서 포기하지 않고 같이 걸어 왔어."

"다행이네. 그런데 나는 오히려 혼자 걸어서 좋던데."

∞

최악의 외로움은 자기 자신이 불편하게 느껴지는 것이다.

– 마크 트웨인

쿵스레덴을 가게 된 다양한 이유 중에 확실한 한 가지는 혼자 있을 공간과 시간이 필요했기 때문이다. 자신의 삶을 성찰하는 데 가족과 친구, 지인과 함께한다는 것은 어불성설이다. 물론 도움이 될 수는 있겠지만 그들이 제시하는 어떠한 조언이나 해답도 자기 내면에 투영하고 스스로 바라보지 않는다면 결코 내 것이라 할 수 없기 때문이다. 학교에서 토론이나 조 모임만 열심히 참가한다고 해서 좋은 성적을 받을 수 없는 것과 마찬가지이다. 책상에서 책의 내용을 자신의 지식으로 만들 만큼 반복적으로 복습하고 공부하는 혼자만의 시간을 보내야 한다.

자기 성찰은 외부의 방해요소가 배제된 채 자신에게 스스로 질문을 던지고 집중해서 그 해답을 얻으려는 고독 속의 고민이 행해질 때 비로소 이루어질 수 있다. 하지만 고독의 공간과 시간을 자발적으로

갖기란 쉽지 않다. 트레킹 코스를 정할 때 최종적으로 산티아고 순례길이 아닌 쿵스레덴을 선택한 이유도 사람이 적었기 때문이다. 쿵스레덴에서는 만난 사람의 수보다 구조 헬기나 동물들, 특히 순록을 본 경우가 더 많았다. 물론 사람 그림자 한 번 보지 못한 날도 있었다.

남부 쿵스레덴에 오면 트레커의 숫자는 확연히 줄어든다. 북부 쿵스레덴과 다르게 남부의 명성이나 정보는 극히 부족하다. 북부 쿵스레덴에 관한 책은 수십 권이 있는 데 비해 남부에 관한 책은 독일어로 쓰인 책 한 권 밖에 존재하지 않으니 그 인지도의 차이가 어느 정도인지 가늠해 볼 수 있을 것이다.

이 책을 쓰게 된 이유 중 하나도 책이나 인터넷에서조차 쉽게 구할 수 없는 남부 쿵스레덴에 관한 정보를 제공하기 위해서였다. 이 책 덕분에 한국에서 쿵스레덴이 유명한 트레킹 코스로 알려져 사람들이 많이 다녀오길 바라는 마음과 사람들의 시선을 피해 혼자 지낼 수 있는 공간이라는 주장은 역설적으로 보이지만 전자가 크게 성립될 것 같지 않으니 쿵스레덴은 앞으로도 혼자 시간을 보내기에 바람직한 공간일 것이다.

인적이 드문 남부에서 걷는 내내 마커스라는 독일 친구와 자주 마주치게 되었다. 우리는 스톨리엔에서 출발하는 첫날에 만나서 셀렌에 도착하는 마지막 날까지 볼 수 있었다. 그는 막 스무 살이 되어 오스트리아 대학에 입학할 예정이었고 지리학을 전공할 거라고 했다.

스테이션 규모의 그뢰벨편. 이곳에서 마커스를 다시 만났고 반가운 마음에 피자와 라면, 과자 등을 사서 우리들만의 작은 파티를 열었다.

특히 얼음, 만년설, 해상의 부빙과 같은 빙원을 좋아하고 등산이나 트레킹을 하면서 사람들과 만나서 이야기하는 것을 즐긴다고 했다. 그래서인지 첫날 만났을 때부터 많은 이야기를 나누며 친해질 수 있었고 중간에 만날 때도 서로 그동안 무슨 일이 있었는지 꼭 안부를 물어보곤 했다. 그는 가는 길에 내가 보이면 일부로 속도를 맞추며 같이 걸어 주기도 했다. 일정이 엇갈릴 때는 일주일 정도 그를 볼 수 없었지만 스테이션 규모인 그뢰벨편에 도착했을 때는 손을 번쩍 들어 인사할 정도로 그와 다시 만난 것이 반가웠다.

그날 마커스는 처음 만났을 때 기운차 보였던 모습과는 달리 조금은 지치고 맥없는 모습이었다. 함께 저녁식사를 하면서 혹시 무슨 일이 있었는지 물어 보니, 여기까지 오는 동안 다시 집으로 돌아갈까 고민을 많이 했다는 속마음을 털어놓았다. 거의 사흘 동안 사람을 한 명도 보지 못해서 고독하고 외로웠다는 뜻이었다. 그는 산과 숲을 좋아했지만 무주공산의 침묵과 쓸쓸함을 좋아했던 것은 아니었다. 걷기를 포기하려던 무렵에 자기 뒤에서 걸어오던 스위스 청년과 만났고 친구가 되어서 함께 걸어올 수 있었다고 했다.

마커스와 나는 혼자 있는 시간을 다르게 느끼며 보냈다. 그는 외로움과 말 못하는 답답함을 느꼈고 나는 평온함과 말할 필요 없는 자유로움을 느꼈다. 트레킹을 온 목적이 달랐기 때문일 것이다. 그는 쿵스레덴에서 세계 여러 나라 사람을 만나며 대자연의 아름다움을 함께 나누길 바랐고 나는 아는 사람으로 가득한 도시에서 벗어나 혼자만의 공간과 시간을 갖고 싶었다.

개인적으로 쿵스레덴은 '유대'라는 단어보다 '고독'이라는 단어가 잘 어울리는 곳이다. 그런 점에서 마커스가 예상치 못했던 외로움의 시간은 더욱 고통스럽고 길게 느껴졌을 것이다. 사실 일상 속에서 '혼자'라는 의미는 마커스가 경험했던 바와 같이 외로움, 고독, 쓸쓸함과 연관 지어진다.

식당에서 혼자 밥을 먹고 있는 사람, 놀이터에서 혼자 놀고 있는 아이, 교실에서 혼자 공부하고 있는 학생의 모습들은 모두 외로움을 연상시킨다. 그리고 사람들은 '여럿'이 아닌 '혼자'임을 택하는 그들을 사회나 조직에 포함되지 못하는 인간관계나 성격에 문제가 있는 사람으로 낙인찍는 경향이 있다. 혼자인 사람에 대한 부정적인 시각

혼자 있기 보다 함께 있기를 좋아하는 마커스를 위해 이날은 같은 곳에서 텐트를 치고 하루를 보냈다.

으로 인하여 타인의 시선 속에서 자유롭게 자신을 들여다보기는 더욱 어렵다. 혼자 있는 사람에 대해 이와 같은 의식을 지닌 공동체 안에서는 말이다.

타인의 시선 문제를 차치하더라도 혼자 있는 물리적 공간의 확보에도 한계가 있다. 학창시절을 생각해보자. 매일 아침 부모님의 기상나팔로 하루가 시작된다. 온 가족이 함께 아침밥을 먹고 수백 명의 학생이 다니는 학교에 등교한다. 바글거리는 친구들 속에서 왁자지껄하게 시간을 보내고 난 뒤 학원이나 게임방으로 가기도 하지만 학원이든 게임 방이든 학교만큼이나 친구들과 사람들로 가득한 것은 마찬가지다. 저녁 늦게 집에 돌아오면 다시 온 가족이 집에 모이게 된다. 그날 하루 화장실에서 일 보는 시간을 제외하고 혼자 있는 시간은 거의 없었을 것이다.

회사에 입사하고 성인이 되어도 크게 다르지 않다. 새벽 알람 소리에 깨서 아침도 제대로 챙겨 먹지 못한 채 허겁지겁 출근을 한다. 지하철이나 버스에 올라타면 혼자 있을 공간은커녕 내 몸 하나 세울 공간조차도 온전히 허용되지 않는다. 사무실에 도착하면 내 자리는 초등학교 시절보다 넓고 세련되어졌을 뿐이고 다른 사원과 밀착되어 있기는 마찬가지다.

옆자리의 상사가 서류철을 나에게 매끄럽게 밀어 넘길 정도로 우리의 공간은 이어져 있다. 가족처럼 붙어 있는 회사원들과 하루 종일 일을 하고 나면 야근을 하거나 친구들과 술 한 잔하며 하루의 끝을 향해 달린다.

하루 종일 혼자서 누릴 수 있는 시간이 얼마나 될까? 하지만 타인의 시선과 공간의 한계에도 불구하고 혼자 있는 시간에 대한 욕구는 분명 존재했었다. 청소년 시절에는 교실 창문 밖으로 떨어지는 낙엽이나 하늘 높이 떠 있는 구름을 쳐다보며 혼자만의 자유를 갖고 싶었고 더 큰 집으로 이사해서 내 방 하나 생기는 게 꿈이었던 적도 있지 않았는가?

난데없이 짐을 싸서 가출하고 싶었던 이유도 가족이 싫어서라기보다는 혼자서 독립해 보고자 하는 욕구가 컸기 때문이 아니었던가? 그러나 사회생활을 하면서 구성원들에게 보여 주어야 하는 만들어진 모습에 익숙해지면서 따돌림 당하지 않을까라는 생각에 오히려 혼자임이 두려웠던 경험이 있을 것이다. 그렇기 때문에 마음 속 깊은 곳에서는 혼자만의 시간을 애타게 찾지 않았던가?

나는 스물아홉에 다시 혼자가 되고 싶다는 강렬한 충동으로 쿵스레덴을 택했고, 쿵스레덴을 걸으며 타인의 시선으로부터 해방됨과 동시에 나 자신에 대한 성찰의 기회를 얻을 수 있었다. 혼자일 수 있었던 쿵스레덴을 걸으며 내 안을 자세히 들여다보았다. 삶의 목표와 방향, 목적, 의미, 실행수단 등등 가슴에 새겨져 있을 만큼 단호한 이정표는 없었다. 떠올라도 언제 바뀔지 모르는 임시방편의 기준이었을 뿐이다. 29년간 정리되지 않은 방문을 연 것처럼 혼돈 그 자체의 공간이었다. 다시 닫아버리고 싶었지만 언제 다시 열 수 있을지 모를 내 안의 방을 정리해 나갔다.

주위 친구들 중에 친하게 지내던 친구가 갑자기 연락이 두절되고 얼마의 시간이 흘러 크게 성장한 모습으로 만나게 되는 경우가 가끔 있었다. 그 친구들의 공통점은 단지 나만이 연락을 단절한 것이 아니었다. 심지어 가족들조차도 얼굴 보기가 힘들 정도로 자신만의 시간을 가지며 지냈다. 일례로 마이애미 대학에 함께 교환학생 프로그램을 갔던 형이 있었다. 그는 경영학을 전공하고 있었는데, 우리는 자주 만나서 서로의 미래에 대해서 이야기했고 그때 그는 코웃음이 나올 정도로 다양한 꿈을 나열했다. 지금에 와서 기억나는 것 중 하나는 항공조종사였는데, 그는 그 꿈을 이뤄 냈다. 내가 교환학생을 마치고 60일 동안 세계 여행을 하는 동안 그는 침묵 속에 자신의 삶을 돌아보며 꿈꾸던 미래의 모습을 향해 발을 내디뎠던 것이다. 한국으로 돌아와 오랜만에 만난 그가 자신의 길을 찾아서 간다고 했을 때 진심으로 축하했고 존경스러운 마음까지 들었다.

일본 메이지 대학 교수인 사이토 다카시의 저서 《혼자 있는 시간의 힘》에서 현대의 사람들에게는 곁에 누군가가 없으면 불안해하는 '불안 증후군'이 있다고 한다. 그래서 우리는 필요 이상의 시간을 관계에 쏟아 붓고 다른 사람의 기준에 끌려다니게 된다. 사이키 다카시는 궁극적으로 혼자 있는 시간을 통해 자신을 마주하고 자신의 역량을 키울 수 있는 기회를 가져야 한다고 말한다.

자신이 무언가를 결정해야 하는 순간에 사회가 제공하는 기준은 꽤 명확하다. 그 기준은 사회에서 도태되지 않는 수준의 지위와 부를 얻기 위한 방향으로 자연스럽게 인도한다. 한 남자가 스물아홉에 꿈이 생겨서 진로에 대해 고민하면 사회는 대기업에 취업하기 위한 나이의 마지노선은 스물아홉임을 알려준다. 한 여자가 스물아홉에 남자 친구와 연애를 계속해야 하는지 말아야 하는지 고민한다면 사회는 여자의 서른은 시들기 시작하는 꽃과 같다고 말해 준다. 결국 혼자 있는 시간을 통해 자신만의 기준을 세우지 못한다면 사회가 정한 대로 떠밀려가는 수밖에 없다.

처음에는 혼자 있는 시간이 낯설게 느껴질 것이다. 가슴이 답답하고 외로울 수도 있다. 그건 마치 금주나 금연에 따른 금단현상과 같은 것이다. 하지만 그 시간을 조금씩 견뎌내 보자. 일정 시간이 지나게 되면 고독이나 외로움이 아닌 자유로움과 편안함을 느끼게 될 것이다. 그리고 자신의 내면에 말을 걸기 시작할 때 다른 사람과 대화하는 것 이상의 새로운 발견과 희열을 느끼게 될 것이다.

혼자 있기에 자유로울 수 있다.

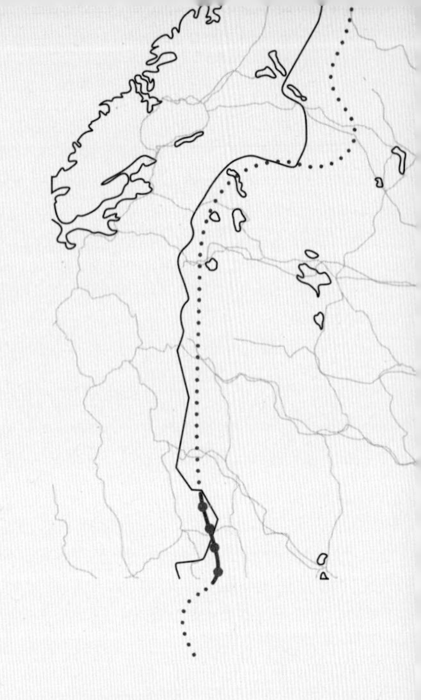

감동을 짓는 목수

코스

플러트닌옌Flötningen 19km → 러스코센Röskåsen 11.5km → 이드페르세테른Id—Persätern 7km → 드레브피엘스Drevfjälls

'이 쉘터를 만든 사람은 누구일까?'

'어떻게 쉘터를 이렇게 크고 정성스럽게 이곳에 지을 생각을 했을까?'

'이런 외지에 쉘터를 지으면서 어떤 마음이었을까?'

∞

내가 계속할 수 있었던 유일한 이유는 내가 하는 일을 사랑했기 때문이라 확신합니다.
여러분도 사랑하는 일을 찾으셔야 합니다.
당신이 사랑하는 사람을 찾아야 하듯 일 또한 마찬가지입니다.

– 스티브 잡스

사랑하는 사람을 만나는 것만큼이나 어려운 것이 사랑하는 직업을 찾는 일이다. 연인 사이에 천생연분이라는 말이 있듯이, 나와 직업 사이에는 천직이라는 단어가 있다. 둘 다 하늘이 이어 주어야 할 만큼 찾기 힘들다는 뜻일 것이다. 한국고용정보원의 조사에 따르면 한국인의 학교 졸업 후 평균 이직 횟수는 4.1회에 달한다고 한다.

한 취업포털 사이트의 설문조사에 따르면 자신의 직업에 매우 만족하는 사람은 2.5%에 지나지 않는다고 말한다. 만일 '자신의 직업이 천직이라고 생각하는가?'라는 질문을 했다면 확률은 더 낮아졌을 것이다. 나 역시 모든 사람들이 대기업을 선호하기 때문에 대기업 계열사에 입사하였지만 이루기 힘든 첫사랑처럼 2년만에 첫 직장을 그

잔잔한 호수를 바라보며 내 안을 들여다 보기도 한다.

만두고 쿵스레덴에서 내 삶에 성취욕과 가치를 부여해 줄 수 있는 두 번째 직업을 고민했다.

성인이 되면 취업을 하든 사업을 하든 가장 먼저 갖추어야 할 능력은 경제력이다. 스스로 생계를 유지하고 삶을 꾸려갈 수 있을 때에 진정한 독립적인 인격체로 사회에서 인정받을 수 있다. 직업은 1차적으로 그러한 능력을 갖추기 위한 수단이다. 직업을 통해 얻을 수 있는 경제력과 우리가 교환하는 것은 시간이다. 한 취업포털 사이트에 따르면 직장인의 평균 근로 시간은 9.3시간이고 평균 수면 시간은 6.4시간이다.

하루 24시간 중에 수면 시간을 제외한 18시간 중에 절반인 약 9시간 동안 우리는 근로를 한다. 출퇴근하는 시간을 포함하면 직업을 위해 소요하는 시간은 하루 중에 가장 큰 비중을 차지한다. 이렇게 통계로 분석하지 않더라도 직장을 다녀 보면 아침에 일어나서 회사를 갔다가 집에 오면 하루가 지나간다.

눈을 뜨고 절반 이상의 시간을 근로에 쏟아 부으니 직업을 신중하게 택하지 않을 수 없다. 그리고 단순히 생존의 수단으로만 시간을 투자하기에는 시간의 가치도 무시할 수 없다. 생존 수단 이상의 가치를 담아야 한다. 추구하는 꿈이나 이상을 실현시킨다든지 자신의 정체성을 드러낼 수 있는 수단으로서.

우리가 누군가를 만날 때 무슨 일을 하는지 궁금해 하는 이유도 경제력뿐만 아니라 직업 안에 그 사람의 삶이 짙게 녹아들어 있다고 생각하기 때문이다. 사람을 평가하는 사전의 첫 번째 페이지가 외모라면 두 번째 페이지는 직업이 될 것이다.

이제 직업의 선택은 간단치만은 않은 문제이다. 삶의 기준과 방향이 뚜렷한 사람에게는 간단한 문제일 수 있지만 그렇지 않은 사람에게는 보다 더 복잡해졌다. 게다가 지구상에 존재하는 직업의 수는 더 이상 세는 것이 무의미할 정도로 많아졌다. 있던 직업이 없어지기도 하고 없던 직업이 생기기도 하는 다변화와 다양성의 시대다. 이러한 급변하는 시대에 노동 시장의 수요와 공급 문제는 여전하지만 다양성이 갖추어진 노동 시장에서 선택의 폭은 크게 넓어졌다.

3년 전, 200여 개의 기업에 지원서를 제출한 나에게도 직업의 문제는 200번은 꼬아 놓은 밧줄처럼 복잡했다. 뫼비우스의 띠처럼 고민은 해결되지 않은 채 무한히 머릿속을 맴돌았지만 러스코센에 도착했을 때 겨우 고민을 해결할 수 있는 실마리를 찾을 수 있었다.

러스코센 쉘터, 다른 쉘터에 비해 압도적인 외관으로 나를 환영한다.

러스코센은 플러트닌옌에서 19km 떨어진 쉘터로 단번에 내 시선을 사로잡았다. 보통 쉘터는 말 그대로 잠깐 쉬어가는 피난처이기 때문에 외부와 내부 모두 오두막과는 비교할 수 없이 부실하다. 나무로 지은 벽과 지붕이 있고 내부시설이라고는 화목 난로와 앉거나 좁게 누울 수 있는 나무 침대 한두 개가 전부다. 쉘터마다 차이가 있지만 크기는 바닥에 8명이 누울 수 있을 정도이다. 물은 대체로 반경 100m 안에 주변을 둘러보면 구할 수 있고 간이 화장실과 쓰레기 분리수거 통이 놓여 있기도 하다.

러스코센은 이런 상식적인 쉘터의 모습을 완전히 넘어섰다. 먼저, 쉘터의 크기가 보통의 두 배 이상은 될 정도로 넓었다. 게다가 문으로 분리된 거실이 있어서 두 개의 문을 열어야 방으로 들어갈 수 있었다. 덕분에 모기나 벌레의 침입을 막을 수 있었고 문이 한 개일 때보다 안전하게 느껴지기도 했다.

큰 창문을 세 방향에 모두 달아 놓아서 답답하지 않고 밖을 확인하기도 편리했다. 쉘터 바로 옆에는 물을 쉽게 구할 수 있도록 나무 판으로 물길을 만들어 놓았고 그 밑에는 작은 연못도 있었다. 원한다면 혼자서도 등목 정도는 쉽게 할 수 있는 수로 시스템이었다.

쉘터를 마치 집 구경하듯 둘러보면서 쉬어가는 트레커를 위한 세심한 배려에 놀라지 않을 수 없었다. 그날, 하루 동안 쌓였던 피로를 전부 쉘터에 내려놓을 수 있었다. 이런 시설을 이용할 수 있다는 것 자체가 감탄을 뛰어 넘은 감동이자 커다란 감사함으로 다가왔다. 그동안 고생한 나에게 하나님이 준비한 선물이라고 생각될 정도였으니 말이다. 문득 누가 이렇게 멋진 쉘터를 지었는지 궁금해졌다.

'이 쉘터를 만든 사람은 누구일까?'
'어떻게 쉘터를 이렇게 크고 정성스럽게 이곳에 지을 생각을 했을까?'
'이런 외지에 쉘터를 지으면서 어떤 마음이었을까?'

이곳저곳 쉘터 안을 구경하는데 사진 한 장이 눈에 들어왔다. 튼튼한목재로 쉘터의 뼈대를 한창 작업하고 있는 중이었고, 이 쉘터를 짓는 목수임을 짐작하게 하는 한 남자가 사다리에 올라서 있는 모습이었다. 사진 속 목수는 진지함과 열정을 가진 듯 보였고 다른 사진 속에서 동료들과 환하게 웃고 있었다. 사진을 한참 바라보면서 그들의 행복함이 그대로 전해오는 듯했다.

트레커들을 위해 섬세하고 애정 어린 손길로 쉘터를 만든 목수의 자부심이 그대로 느껴졌다. 앞으로는 쉘터를 지은 목수들처럼 자신

행복한 목수

의 일에 자부심을 갖고 열정을 다하여 일하고 싶다. 혼자 이루어 낸 결과물로 소리 없이 기뻐하는 것도 좋지만 동료들과 함께 이루어 낸 결실로 기쁨을 나누고 싶다. 내가 하는 일을 통하여 사람의 마음에 감동의 탑을 쌓아 올릴 수 있는 초석이 되고 싶다.

진분홍 갈대에 둘러 쌓인 이드페르세테른은 잠깐 얼이 나갈 정도로 아름다웠다.

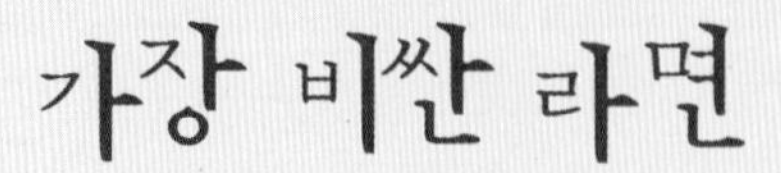

가장 비싼 라면

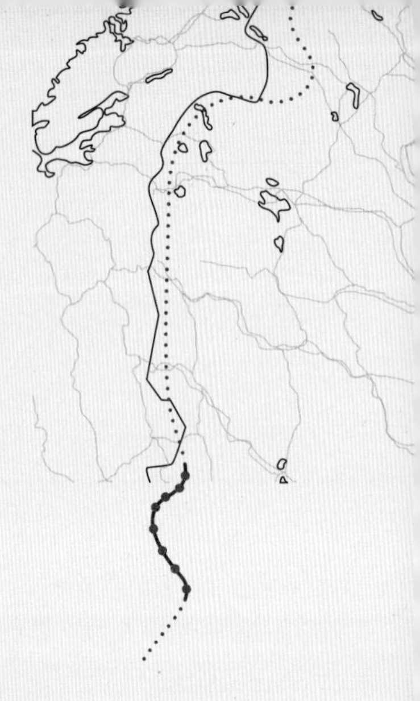

코스

드레브피엘스Drevfjälls 12km ⇨ 여르달렌Gördalen 8km ⇨ 할퍼Harrsjö 3.5km ⇨ 러르퍼Rörsjö 10km ⇨ 탕퍼Tangsjö 10.5km ⇨ 탕요Tangå 11.5km ⇨ 비요른홈스Björnholms 14~17km ⇨ 스카르소센Skarsåsen/Salen hostel

"아주머니, 이 초콜릿은 가격이 얼마에요?
가격표가 안 붙어 있어요."

"그거…… 25크로나. 아니 30크로나."

"방금 가격이 오른 거 아니죠?"

∞

사람이 되려는 사람은 누구나 남다른 사람이 되어야 한다.

– 에머슨

오두막 가게에서 파는 라면 값은 얼마일까? 스웨덴의 쿵스레덴에서 높은 물가보다 더 놀라운 것은 가게마다 다른 물건 가격이다. 같은 상표의 라면 가격이 7크로나에서 15크로나에 이르기까지 오두막마다 다르게 책정되어 있다. STF에서 일괄적으로 관리하고 운영하는 오두막들이어서 상품 가격이 모두 같을 거라 생각하지만 사실 그렇지 않다. 오두막마다 가격이 다른 이유는 이곳에서도 시장경제 논리에 따른 가격 경쟁을 하기 때문일 것이다. 예를 들어 앞뒤로 하루 거리에 오두막 가게가 존재한다면 같은 물건을 쉽게 구할 수 있기 때문에 그 가게의 물가는 비슷하다. 하지만 가까운 거리에 오두막 가게가

러르퍼Rörsjö 오두막 근처 뉴페콰시 폭포Njupeskärs Vattenfall

여르달렌 마을의 레스토랑. 상품을 팔지는 않지만 햄버거나 샌드위치, 콜라 등을 주문할 수 있다. 맥주와 같은 술도 판매하고 있으니 오랜만에 한 잔 하기에도 적절하다.

없거나 깊은 산속에 있어서 물건을 헬기로 조달하게 되면 그 오두막 가게는 상대적으로 비싼 가격으로 물건을 판매한다. 반면에 버스나 차가 다닐 수 있는 도로 가까이에 위치한 스테이션들은 접근성이 높기 때문에 저렴한 가격에 다양한 종류의 물건들을 판매한다.

쿵스레덴에서 가장 비싼 물가를 자랑하는 오두막은 바로 남부 쿵스레덴에 있는 러르피 오두막이다. 남부 쿵스레덴에 관해 설명한 독일어 가이드북에 따르면 이곳은 가게가 없는 오두막으로 되어 있다. 일주일 분량의 식량을 플러트닌옌에서 미리 구입해서 걷는 이유도 플러트닌옌부터 셀렌까지 가게 달린 오두막이 없다고 알려져 있기 때문이다. 그런데 정보와는 다르게 러르피에서 식량을 파는 진열대를 발견할 수 있었다.

남은 거리만큼 필요한 식량을 여기서 모두 챙기기에는 다소 무리가 따르지만 라면이나 초콜릿, 스프, 콜라와 같은 비상용 식품들은 어느 정도 구입이 가능하다. 몇 가지 되지 않은 상품들의 가격은 대부분 가장 비싼 가격표가 붙어 있었다. 어떤 것은 가격표가 붙어 있지 않아서 얼마냐고 물어보면 부르는 게 값이었다.

최고가를 갱신한 러르퍼 가게 진열대, 물건은 많지 않다.

맥커릴(토마토 소스에 절인 고등어 통조림) 가격은 다른 오두막보다 10~15크로나 더 비쌌고 초콜릿도 10크로나 더 비쌌다. 라면의 경우는 도로와 연결된 마트에서는 3.5크로나, 보통 쿵스레덴 오두막에서는 7~10크로나인데 이곳에서는 15크로나에 판매되고 있었다. 나는 플러트닌옌에서 미리 남은 거리를 계산하고 식량을 다 준비해서 왔기에 굳이 비싸게 살 필요가 없었다.

비싼 가격일지라도 러르퍼에 가게가 없다면 트레커들이 식량을 구하기란 무척 힘들어질 것이다. 리르퍼는 주변에는 식량을 파는 가게가 전혀 없고 플러트닌옌과 셀렌 중간에 위치하고 있다. 만약 식량을 구하려면 며칠을 걸려서 산을 내려간 다음 마을을 찾아가서 구매한 후 다시 산을 올라오는 수고를 해야 한다.

러르퍼 오두막 주인아주머니는 그동안 지나갔던 사람들이 이곳에 가게가 있으면 좋겠다는 말을 많이 들었던 것이다. 이러한 필요성을 알았기에 주인아주머니는 본인이 직접 사람들을 위해 비상식량을 조달했다. 덕분에 아주머니는 비싼 가격에 라면을 비롯해 여러 가지 물건들을 팔 수 있었고 사람들도 가격에 대한 불만 없이 필요한 식량을 구입할 수 있었다.

위치의 특성을 살린 오두막처럼 사람도 자신의 개성과 장점을 발전시켜 남들과 차별화한다면 그 가치는 더욱 빛이 날 수 있다. 피겨 스케이팅 선수 김연아는 곡의 해석과 안무, 구성, 기술면에서 모두 뛰어나기도 했으나 특히 표현력과 예술성에서 타 선수들과 차별화된 실력을 갖추고 있다는 평가를 받았다. '손끝까지 연기를 한다'는 독보적인 연기력을 갖추었기 때문에 보는 사람들로부터 찬사와 갈채를 받을 수 있었던 것이다.

《삽질정신》과 《기획의 정석》이라는 책의 저자로 유명한 박신영 폴앤마크 이사도 남들과 차별화를 지니고 있었다. 그녀는 20대에 공모전에서 무려 23번이나 수상을 하였고 이 경험을 바탕으로 자신의 노하우를 전달하는 《삽질정신》이라는 책을 썼다. 이후 광고회사에 입사하고 강사로도 활동하면서 《기획의 정석》, 《보고의 정석》 등의 대학생과 직장인들에게 사랑 받는 책을 꾸준히 집필하고 있다. 그녀는 수많은 대학생들 중에 공모전을 통해 자신의 가치를 드러내고 그 가치를 높여온 것이다.

평소에 애청하는 예능 프로그램 중에 'K팝스타'라는 차세대 K팝을 이끌어갈 인재를 발굴하는 서바이벌 오디션이 있다. 이 프로그램에서 재미를 주는 하나의 요소는 수많은 오디션 참가자들 중에 옥석을 가려내기 위한 심사위원들의 판단 기준과 심사평이다.

기성가수만큼이나 노래를 잘 부르고 기술이 뛰어난 참가자들과 과거에 가수생활을 했을 만큼 실력 있는 참가자들이 불합격되는 반전의 상황을 보면 흥미롭지 않을 수 없다. 그런 참가자에게 심사위원들이 불합격을 주며 하는 이야기란 대개 '기성가수와 비슷하다는 것'이다. 수많은 기존 가수들과 가수지망생들 사이에서 대중의 사랑을 받을 수 있는 가수는 남들과 차별되는 자신만의 무언가를 가진 사람이라는 것을 알기 때문이다.

우리가 앞으로 살아가게 될 시대는 창의적 융합인재를 원한다. 그렇기 때문에 개성과 차별화를 통한 그 희소성의 가치는 더욱 높게 평가될 것이다. 21세기 가장 영향력 있는 비즈니스 전략가이자 야후의 마케팅 담당 부사장으로 역임했던 세스 고딘은 그의 저서《이제는 작은 것이 큰 것이다》에서 모방의 가속화로 희소성의 가치는 더욱 중요해질 거라고 말했다.

'희소성은 우리 경제의 초석이다. 이익을 남길 수 있는 유일한 방법은 희귀한 무언가로 장사를 하는 것이다. 어떤 것이 성공을 거두었

을 때 물불 가리지 않고 그것을 모방하려는 움직임은 점차로 거세어지며 빨라지고 있다. 오늘날 미국에서 개업한 변호사만 해도 50만 명이 넘는데, 또 다른 12만 5천 명이 로스쿨에 재학 중이다. 현직 변호사들이 더 많은 변호사들을 위해 더 많은 일을 만들어 내고 있다는 말을 믿는다손 치더라도, 그렇게 많은 숫자로는 도저히 희귀한 존재가 될 수 없다.'

취업만을 위해 남들과 똑같이 학교를 다니고, 학점을 쌓고, 토익 점수를 올리고, 자격증을 받아봤자 더 이상 구별되기가 힘들다. 취업 시장에서도 이제는 학점이나 토익 점수가 조금 더 높다고 해서 채용하지 않는다. 채용 제도도 'K팝스타' 오디션 경쟁처럼 지원자의 스토리와 개성, 차별성에 초점을 두고 인재를 발굴하려는 변화를 보인다. 실제로 서류에 합격하고 면접 단계까지 올라갔다 해도 지원자의 개성이 보이지 않는다면 면접관은 그 지원자가 비참해할 정도로 무관심한 태도를 보인다. 잘하는 것보다 차별화된 그 무엇이 더 중요한 시대가 온 것이다.

대학교를 졸업하고 유통회사 재경팀에서 일했다는 사람과 2년간 다니던 회사를 그만두고 쿵스레덴에서 혼자 800km를 걸은 사람이 있다면 당신은 어떤 사람의 이야기가 더 듣고 싶은가?

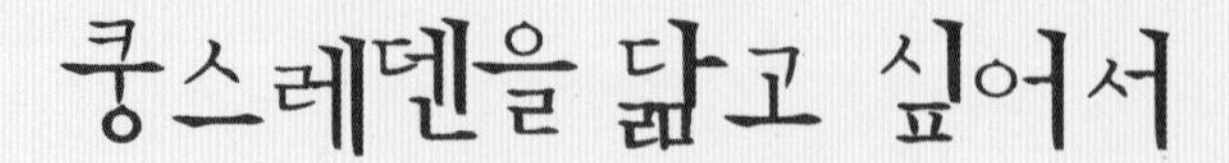

쿵스레덴을 닮고 싶어서

코스

스카르소센Skarsåsen/Salen hostel 11km ⇨ 네르피엘스Närfjälls 11km ⇨
시엘피엘레트Källfjället 5km ⇨ 외스트피엘스Östfjälls 4km ⇨
셀렌스 피엘시르카Sälens fjällkyrka

"여긴 어떻게 왔어요?"

"북부 쿵스레덴에서 출발해서 걸어왔어요."

"혼자서요? 다 걸어온 건가요?"

"네!"

"축하해요.
쿵스레덴을 충분히 즐겼나요?"

"지금으로선 충분해요."

∞
위대한 성과는 힘이 아닌 인내의 산물이다.

– 새뮤얼 존슨

최종 목적지인 셀렌까지 18km를 남기고 햇살이 겨우 비집고 들어오는 깊은 숲 속에서 캠핑을 하게 되었다. 이제는 숙련된 솜씨로 텐트를 완성하고 이곳에서 마지막으로 보게 될 텐트의 모습을 아쉬움과 애정이 담긴 시선으로 한참을 쳐다보았다. 처음엔 숲의 초록색과 보색인 빨강색이 너무 도드라져 보였으나 긴 시간과 거리를 걸어오면서 오히려 텐트는 자연의 일부가 된 것처럼 느껴졌다.

텐트와 마찬가지로 내 자신도 쿵스레덴의 환경과 기운에 물든 것처럼 느껴졌다. 마지막 날 기록을 보면 알 수 있다. 그동안 걸어온 길은 험했지만 남쪽으로 내려올수록 날씨도 따뜻해지고 길 위는 자연의 온갖 아름다움으로 가득 찼다. 음식은 겨우 소스 하나 들어간 밥

쿵스레덴을 걷기 시작할 때는 종주의 성공 여부가 남다른 삶의 조건이 될 것이라고 생각했다.
하지만 걷는 동안 성공 여부가 아닌 시도 자체만으로도 나만의 삶이 시작됐다는 것을 느꼈다.

두 달간의 시간과 추억으로 숲과 텐트는 서로 어우러져 갔다.

한 공기에 불과했지만 그 맛은 세상 어느 진미보다 맛있었다. 텐트에 몸 하나 겨우 들어갈지라도 세상 어떤 곳보다 안락했고 혼자 길을 걸어도 간혹 다른 여러 나라 사람들을 만날 수 있어서 외롭지 않았다.

옐로베리. 더 익으면 노란색으로 변하고 만져 보고 말랑하면 따서 먹어도 된다.

마지막 65일째가 되는 날이었다. 길의 끝에 서자 도착했다는 기쁜 마음과 쿵스레덴을 떠나고 싶지 않은 마음이 교차되었다. 오는 동안 내내 묵묵히 길을 걸었고 복잡하고 미묘하게 울리는 마음의 소리에 집중했다. 두 다리가 없는 여자를 한 남자가 업고 지나가는 것조차 쿵스레덴은 그들을 하나의 풍경으로 받아들이는 것 같았다.

그동안 마음껏 먹지 못한 옐로베리와 블루베리를 찾으면서 야생에서 느껴지는 자유로움이 편안함으로 다가왔고 나를 붙잡는 듯 앞에서 불어오는 쿵스레덴의 바람조차 낯익게 느껴졌다. 갑자기 알레스야우레에서 보았던 한 장의 사진처럼 풍경에 녹아 든 한 팀의 모습이 떠오르면서 나도 그들처럼 쿵스레덴의 품에 받아들여지는 기분이 들었다.

마지막 날이 되자 출발하면서부터 지금까지의 일들이 주마등처럼 스쳐 지나갔다. 백야 축제로 시작된 첫날, 야생의 길로 들어가는 입구에서 설렘으로 발걸음을 떼었지만, 얼마 지나지 않아 야생이라는 현실 속에 두려움과 고통으로 길을 걸었던 것도 떠올랐다.

출발할 때는 분명 내 선택의 영역이었던 종주라는 목표가 둘째 날부터는 신의 가호 없이는 불가능하다고 여겨질 정도로 능력의 부족함을 뼈저리게 느꼈던 것도 떠올랐다. 배낭의 무게를 지탱하지 못하는 어깨, 시시각각 변하는 지면 상태를 제대로 파악하지 못하는 다리, 등산 스틱의 실용성을 이해하지 못하는 팔, 무엇 하나 만족스럽게 움직여지지 않았다.

이러한 불만족스러움은 몸뿐만 아니라 정신에도 많은 영향을 주었다. 트레킹은 멋있을 것이라는 로망으로 처음에는 미역국 하나 들어간 국밥과 치즈 발린 빵 하나에도 즐거웠는데, 매일 반복되는 생계를 위한 단조로운 식단으로 인하여 점차 불평불만이 늘어나게 되었다. 배낭의 무게는 점점 무거워지고 잠자리는 더 불편해지며 발은 점점 통증이 심해졌다. 주변의 풍경은 눈에 들어오지도 않고 걸어가는 것 자체가 숙제로만 쌓여 갔다.

↑ 사람 키 만한 개미집

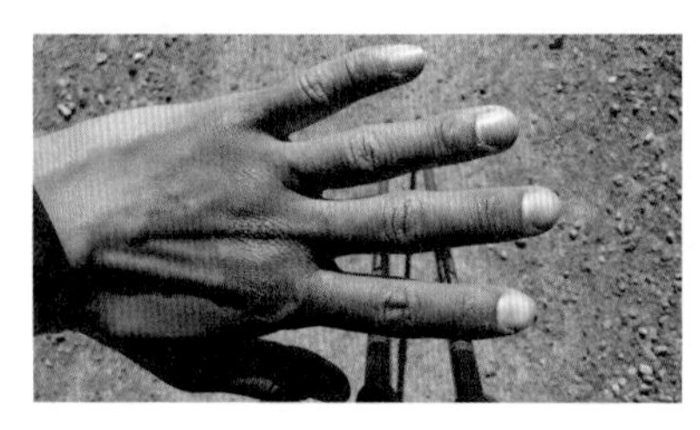

↑ 강한 햇볕에 타고 건조해진 손

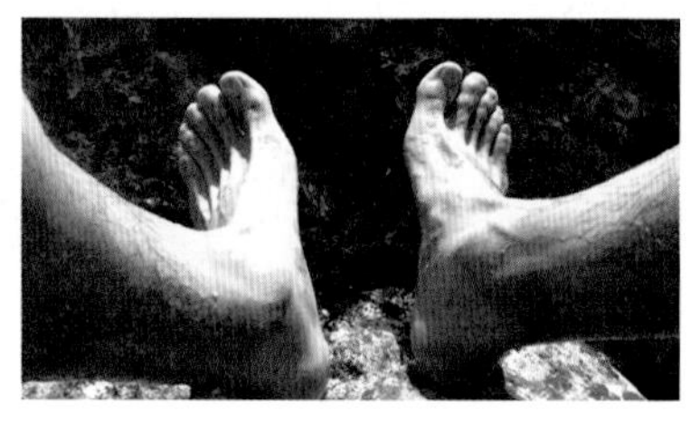

↑ 익숙하지 않은 길에서 발은 내 맘같이 움직이지 않는다. 발도 차가운 물 맛을 봐야 정신을 차리는 듯하다.

처음에는 계획했던 두 달여의 기간이 짧다고 생각되었지만 갈수록 끝나지 않을 것처럼 길게만 느껴졌다. 마음을 다잡고 한국을 떠나온 만큼 트레킹을 완주해야 된다는 다짐은 나의 마음을 더욱 무겁게 짓눌렀다. 날씨나 경험하는 모든 상황에 대해 나쁘다를 기준으로 '더 나쁘다'와 '덜 나쁘다'로만 부정적으로 구분 지었다. 지금 생각해 보면 평상시 나는 긍정적인 사람이라고 자부했는데 쿵스레덴에서 목숨까지 위협받는 예기치 못한 상황에 부딪히다 보니 부정적인 생각들이 팽배해지고 있다는 것조차 깨닫지 못했다.

그러나 하루하루 벌어지는 크고 작은 문제들을 해결하다 보니 내 모습을 그대로 받아들일 수 있는 용기가 생겼고 그 용기가 발을 앞으로 내디딜 수 있도록 힘을 주었다. 또한 부족하지만 쿵스레덴은 내가 헤쳐가야 할 대상으로 받아들여졌다. 거칠고 광활한 대지는 어두운 그림자 하나 없는 솔직함과 자신감을 드러낸 것처럼 보이고, 눈 덮인 가파른 절벽을 뛰어내려오는 순록의 뜀박질은 충만한 생명력의 이상을 보여 주는 것처럼 느껴졌다. 변덕스러운 날씨에도 산은 의연함을 뽐내며 변함없이 자리를 지키고 있다는 것과 물은 자유로움을 만끽하며 원하는 대로 길을 만들어 흘러내린다는 것을 깨달으며 쿵스레덴의 이 모든 것을 닮고 싶어졌다.

남부 쿵스레덴Södra Kungsleden, 셀렌에 도착한 쿵스레덴 마지막 사진

'어떻게 하면 쿵스레덴을 닮을 수 있을까?'

포기하지 않고 북부 쿵스레덴 450km와 남부 쿵스레덴 350km, 총 800km를 걸어왔다. 그리고 길의 끝자락에 도착했을 때는 벅차오르는 가슴으로 쿵스레덴이 내 안에 담겨 있음을 알 수 있었다. 이제는 솔직함과 자신감, 충만한 생명력과 더불어 어떠한 상황에서도 의연함을 가지고 새로운 길을 마다하지 않는 자유로운 영혼을 가진 쿵스레덴처럼 당당하게 자신의 삶을 호령하는 왕의 자세로 살아갈 것이다.

쿵스레덴!
그곳은 자신 안의 가장 위대한 왕을 찾아가는 길이다.

Tip 그뢰벨펀Grövelsjön ~셀렌Sälen

그뢰벨펀Grövelsjön → 구투달스쿠얀Guttudalskojan → 플러트닌옌Flötningen → 러스코센Röskåsen → 이드페르세테른Id–Persätern → 드레브피엘스Drevfjälls → 여르달렌Gördalen → 할퍼Harrsjö → 러르퍼Rörsjö → 탕퍼Tangsjö → 탕요Tangå → 비요른홈스Björnholms → 스카르소센Skarsåsen/Salen hostel → 네르피엘스Närfjälls → 시엘피엘레트Källfjället → 외스트피엘스Östfjälls → 셀렌스 피엘시르카Sälens fjällkyrka

∞ 이 구간의 특징은 오두막이 중간에 러르퍼 하나밖에 없다. 나머지는 마을이나 쉘터의 이름이다. 플러트닌옌이 사실상 마지막으로 제대로 된 식량을 보급할 수 있는 장소이다. 템포Tempo라는 초록색 간판의 마트가 있는데 STF에서 운영하는 가게보다 규모가 크고 가격이 저렴한 편이다. 도로변에서는 3g 인터넷도 이용 가능하다.

∞ 플러트닌옌 이후부터 보이는 쉘터들의 퀄리티는 상상 초월이다. 오두막만큼이나 넓고 쾌적한 환경이 조성되어 있고 사람도 많지 않으니 충분히 휴식하고 누리길 바란다.

∞ 8월쯤에 남부 쿵스레덴에 도착한다면 드디어 백야가 지나가고 밤하늘의 아름다운 별을 볼 수 있다.

∞ 여르달렌Gördalen 마을에 가게는 없지만 여르달렌 뷔스투가Gördalens Bystuga 레스토랑이 있다. 햄버거, 케밥, 샐러드, 베이컨 등등 다양한 메뉴가 있으니 푸짐하게 한 끼 해결하고 가기 좋다. 보랏빛 갈대 풍경과 문명의 맛에 취하게 될 것이다.

∞ 놀랍게도 러르퍼 오두막에서 라면이나 초콜릿, 음료수, 스파게티, 맥커릴 등을 소량으로 판매한다. 대개 2~3개 정도 밖에 준비해 놓지 않으니 비상식량을 챙길 수 있는 정도로 생각하자. 가격은 콜라를 제외하고 거의 다 최고가이다.

∞ 스카르소센 마을을 지나서 1.5km 정도 더 걸으면 넓은 차도가 등장한다. 쿵스레덴은 차도를 건너서 그대로 직진해야 하지만 차도를 따라 동쪽으로 3km 걸어가면 STF에서 운영하는 살렌 호스텔 Salen hostel 을 발견할 수 있다. 오랜만에 침대에서 따뜻하게 잠도 잘 수 있고 스파게티나 초콜릿과 같은 간단한 식량도 구입할 수 있다.

∞ 네르피엘스Närfjälls 에서 최종 목적지까지 겨우 2~3일 거리이다. 천천히 걸으며 그동안 못해 봐서 아쉬웠던 일을 해보자. 필자는 그때서야 익어가는 옐로베리와 블루베리를 마음껏 따서 먹었다.

∞ 최종 목적지인 셀렌Sälen 에 도착하면 숙박할 곳이라고는 허그피엘스Högfjällshotell 라는 호텔밖에 없다. 가격은 최저 595크로나부터 시작한다. 스톡홀름 중앙역으로 돌아올 때는 121번 버스를 타고 보르렌에Borlänge Centralstation 로 이동한 다음 기차로 갈아타면 된다.

↑ 셀렌스 버스 정류장

↓ 허그피엘스 호텔의 메인 건물

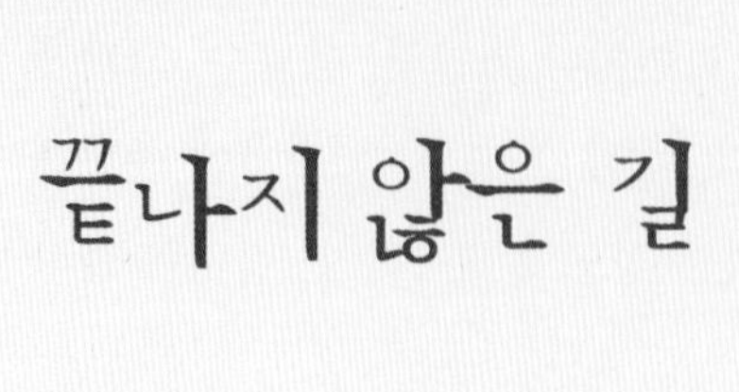

끝나지 않은 길

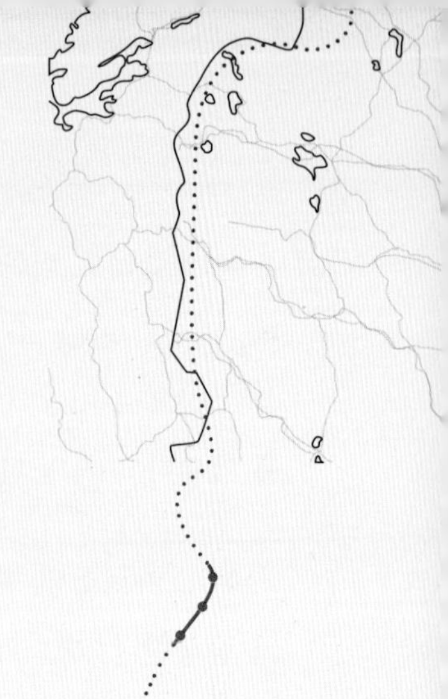

코스

스톡홀름STF → **노벨박물관** → **웁살라**Uppsala

"종주를 했으니 이제 한국으로 돌아가는 건가요?"

"스톡홀름에서 며칠 더 머물렀다 갈 거예요.
웁살라와 노벨박물관처럼
꼭 찾아가고 싶은 곳이 있거든요."

"그곳에는 왜 가고 싶은 건가요?"

"존경하는 사람들이 그곳에 있거든요."

∞

운명의 틀을 선택할 권리는 우리에게 없다.
하지만 그 안에 무엇을 채워 넣을지는우리에게 달려 있다.

– 다그 함마르셸드

800km를 종주한 기쁨과 감동의 울림을 고스란히 느끼며 남부 쿵스레덴의 우든 게이트 앞에서 떠나지 못하고 잠시 머물렀다. 가슴이 조금 가라앉았을 때 녹초가 된 몸을 달래주기 위해 편히 쉴 만한 곳을 찾게 되었다. 호텔 하나가 눈에 들어왔고 그곳으로 발길을 천천히 옮겼다. 쿵스레덴을 떠나는 아쉬움에 자꾸 뒤를 돌아봤지만 내일 잠깐 들르자는 생각으로 쿵스레덴에서 시선을 떼어 냈다.

호텔에 들어가 짐을 푼 후 정확히는 소파 위에 내동댕이치고 샤워실로 들어가 뜨거운 물로 피로를 풀었다. 소파에 누워 몇 주 만에 구경하는 텔레비전을 켜 보니 놀랍게도 BBC 방송에서 한국과 관련된 뉴스를 진행하고 있었다. 한국 소식에 무작정 반가워했지만 알고 보니 DMZ 목함지뢰폭발 사건으로 우리나라 군인이 부상당했다는 안타

까운 소식이었다. 군 복무 중인 사촌 동생이 걱정되어 곧장 이모에게 연락해 보니 비상사태이긴 하지만 괜찮다는 답장을 받았다. 출국 전에는 메르스 때문에 전국이 떠들썩했는데 귀국할 때는 남북갈등으로 또 다시 요란했다. 그에 비해 머물고 있던 호텔 방은 창밖에서 새소리만 들려오는 평화로움 그 자체였다.

귀국할 비행기 시간을 계산해 보니 하룻밤을 자고 나서도 5일이나 남았다. 하지만 그동안 무엇을 해야 할지 이미 정해놓은 상태였기 때문에 다음 여정에 대한 부푼 기대감으로 차 있었다. 스톡홀름에 있는 노벨박물관과 다그 함마르셸드의 고향인 웁살라에 가 보는 것이었다. 쿵스레덴을 걸으며 중간 중간에 명상록Meditation이라고 쓰인 팻말과 함께 스웨덴어가 새겨진 돌을 발견할 수 있었다. 여러 번 봤던 그 돌의 내용에 대해 쿵스레덴의 한 오두막 주인에게 물어 보니 스웨덴의 외교관이자 제2대 UN사무총장이었던 다그 함마르셸드의 어록을 새겨 놓은 것이라고 했다.

그는 냉전시대에 적극적인 균형 추 역할을 하면서 국제 평화를 위해 힘썼고 뛰어난 능력과 높은 덕망을 인정받아 최초로 사후에 노벨평화상을 수상한 인물이었다. 외교관을 꿈꾸었을 때 롤 모델로 생각했던 반기문 UN사무총장이 역대 사무총장 중 가장 존경하는 인물로 그를 언급할 정도였으니 내게는 얼마나 반갑고 위대한 사람으로 보였겠는가. 더군다나 그는 자연과 인간의 삶을 조명하는 사진작가이자 시인으로 활동하기도 했다.

그의 명상록을 번역해 보니 '내면에서 울리는 소리에 좀 더 귀를 기울이면 외부의 소리도 더 잘 들을 수 있다', '한 발 내딛기 전, 땅이 안전한가 결코 내려다 보지 말지어다. 오로지 먼 수평선에 눈을 고정한 자만이 옳은 길을 찾을 수 있나니…', '가장 긴 여행은 바로 마음속 여행이다'와 같은 가슴에 와 닿는 글귀들이 적혀 있었다.

그는 진정 자기 안의 위대한 왕을 찾은 사람이라는 생각이 들었고, 그가 태어나고 성장한 웁살라라는 곳이 궁금해졌다. 그리고 그뿐만 아니라 당당한 자신의 삶을 살았던 사람들을 찾아가 보는 것도 의미 있는 여행이 될 것 같았다. 그래서 결정한 곳이 노벨상을 수상한 사람들을 볼 수 있는 노벨박물관이다.

노벨상을 받은 사람들은 적어도 자신의 분야에서 인류에 큰 공헌을 할 정도로 열정적이었을 것이라는 막연한 생각이 들었기 때문이었다. 이틀 정도면 충분히 웁살라와 노벨박물관을 다녀올 수 있을 것이므로 나머지 시간은 자유롭게 도시 탐방을 하면서 보내기로 했다.

호텔 방에는 4개의 침대가 있었는데 소파조차도 너무 편해서 나도 모르게 소파 위에서 잠이 들었다. 다음날 체크아웃을 하고 쿵스레덴과 작별 인사를 한 뒤 121번 버스를 타고 보르렌에Borlänge Central 역으로 이동해 기차를 타고 스톡홀름으로 돌아왔다.

하루 전에 스톡홀름 숙소를 예약하느라 사흘은 호텔에서 이틀은

호스텔에서 나누어 지내게 됐다. 사흘은 어떻게 지냈는지 물어보지 않기를 바란다. 갑자기 환경이 바뀌어 긴장이 풀린 탓인지 샤워 중에 쌍코피를 흘리더니 점점 미열과 몸살로 몸 상태가 악화되어 3일 내내 호텔 방에서 안정을 취해야 했다. 다행히 이틀을 남기고 회복되어 호스텔로 숙소를 옮기고 원하던 여행지들을 다녀올 수 있었다.

먼저 스톡홀름 감리스탄 지구에 있는 노벨 박물관을 찾아갔다. 우리가 알다시피 노벨상은 경제학상, 화학상, 생리의학상, 물리학상, 문학상, 평화상 등 6개 분야에서 큰 족적을 남긴 인물들에게 주어진다. 노벨 박물관에는 바로 그 전 분야의 역대 노벨상 수상자들의 업적과 노벨의 생애에 관한 다양한 정보들을 전시하고 있다. 각 분야마다 1,000명의 후보들 중에 전 세계 학자와 대학교, 학술 단체의 직원들에게 추천을 받아 엄격한 심사를 통해 선정한 사람들이기 때문에 이들의 업적을 살펴보면 놀라움 그 자체다.

남아프리카공화국 최초 흑인 대통령인 넬슨 만델라와 제2대 UN사무총장인 스웨덴의 다그 함마르셸드는 노벨 평화상을 수상한 위인들이다. 하지만 그들보다 한국인이라면 결코 그냥 지나칠 수 없는 곳이 있다. 한국의 유일한 노벨상 수상자인 김대중 전 대통령의 전시장이다.

김대중 전 대통령은 대한민국과 동아시아에서 민주주의와 인권을 위해 그리고 남북관계의 평화와 화해를 위해 노력하고 업적을 남긴 점을 인정받아 2000년에 노벨 평화상을 받게 되었다. 전시장에는 김대중 전대통령의 옥중 사진과 함께 이희호 여사에게 보냈던 깨알 같

노벨박물관에 전시되어 있는
김대중 전 대통령의 사진과 전시물

은 글씨의 옥중 서신과 이희호 여사가 김대중 전 대통령에게 보낸 빨간 털신이 보관되어 있다. 전 세계에서 대한민국이 유일한 분단국가라는 사실과 이를 극복하기 위해 희생하고 노력했던 그를 생각하니 존경스러움과 동시에 쓰라림이 가슴에 닿았다.

다음날엔 계획했던 대로 다그 함마르셸드의 고향인 웁살라에 다녀오기로 했다. 스톡홀름 중앙역에서 기차를 타고 북서쪽으로 40여 분 이동하면 웁살라 중앙역에 도착한다. 웁살라는 한국에서 잘 알려진 도시는 아니지만 사실 18세기까지 스웨덴의 수도였을 정도로 문화와 학술의 중심지였다. 그렇다보니 북유럽 최고最古 성당인 웁살라 대성당과 우리가 생물시간에 배운 생물 분류법의 창시자 칼 폰 린네의 연구실 겸 저택과 같은 역사적 의미가 담긴 건물들이 곳곳에 자리 잡고 있다.

그중에서도 가장 가고 싶었던 곳은 단연 웁살라 대학교였다. 1477년에 설립되어 스칸디나비아 지방에서 가장 오래된 대학교이자 린네와 다그 함마르셸드 같은 노벨상 수상자를 십여 명이나 배출해 낸 세계의 명문대학이다. 웁살라 대학교의 캠퍼스는 특이하게도 도시 전체에 형성되어 있어서 연구소나 강의실 건물들이 군데군데 흩어져 있다.

바쁘게 강의실 건물을 옮겨 다녔던 대학시절을 떠올려 보니 시간표대로 수업에 맞춰 강의실로 갈 수 있을지 의문이 들었지만 그만큼 여유롭게 도시를 활보하며 캠퍼스 생활을 하는 웁살라 대학의 학생들이 한편으로 부럽기도 했다.

학생들이 한 건물 밖의 계단에서부터 북적거리는 모습이 보여서 그 사이를 비집고 들어가 보니 홀에 더 많은 사람들이 모여 있었다. 그날이 동아리나 기타 모임을 홍보하고 가입을 받는 날이었던 것이다. 분주한 학생들 사이로 동양인으로 보이는 친구들도 보였다. 막연히 한국 학생들도 있을까, 하는 생각으로 지나쳤는데 한국에 귀국한 뒤 모교를 방문해서 웁살라 대학과 함께 연구 세미나를 개최한다는 현수막을 보고 분명 그중에 인사할 수 있는 한국 학생들도 있지 않았을까 하는 아쉬움이 남았다. 물론 등산복에 등산화, 등산모를 착용하고 있었기 때문에 말을 걸었어도 이상하게 쳐다보긴 했을 것이다.

웁살라 대학교 본관과 그 앞에 서있는 칼 폰 린네 동상

'자유롭게 생각하는 것이 멋지다. 그러나 올바르게 생각하는 것은 더욱 멋지다.'
웁살라 대학 강당 입구에 적힌 18세기 시인 트릴드 시의 한 구절

캠퍼스를 구경하다가 발견한 한 가지 놀라운 점은 다그 함마르셸드 뿐만 아니라 칼 폰 린네도 쿵스레덴과 관련이 있다는 사실이었다. 린네는 생물 조사를 위하여 활발한 탐사 활동을 벌였는데 그중에 가장 특별하고 위험했던 탐험이 바로 쿵스레덴을 지나는 그곳, 스웨덴 북부의 라플란드였던 것이다.

라플란드는 노르웨이와 핀란드, 스웨덴, 러시아에 걸쳐 있는 스칸디나비아 북부 지역을 일컫고 쿵스레덴을 걷다 보면 가끔 보거나 만날 수 있는 사미족이 거주하는 곳이기도 하다. 여기서 린네는 2,000km에 달하는 거리를 이동하며 100여 종이 넘는 새로운 식물을 발견하고 《라포니카 식물상Flora Lapponica》이라는 책을 출간하여 식물학계의 찬사를 받았다고 한다. 쿵스레덴이 속한 광활한 라플란드의 자연은 한 사람을 세계적인 식물학자로 성장시키는 데 영감을 주기도 한 것이다.

저녁 시간이 되어 웁살라를 떠나면서 스웨덴에서 지내온 시간들이 머릿속을 스쳐 지나갔고 새롭게 내 자신의 삶을 시작해 보자라는 다짐을 하게 되었다.

쿵스레덴에서 만난 동료들이 보내온 편지

쿵스레덴을 걸으며 특별히 받은 선물이 있다. 평생 잊지 못할 사람들과의 인연이다. 그들이 없었다면 800km를 무사히 종주할 수 없었을 것이다. 힘든 시기를 함께 극복하기도 하고, 즐거움을 나누기도 하고, 물질과 마음으로 응원 받기도 하고, 길을 종주하기 위한 조언을 얻기도 했다. 특히 11명의 사람들은 내가 절실한 도움이 필요할 때 주저하지 않고 손을 내밀어 주었다. 그들은 나와 다른 국적, 성별, 혹은 나이를 가진 사람들이었지만 다름을 느낄 수 없을 만큼 진심으로 도전을 응원하고 도움을 주었다.

마틴과 세르게이, 디아나는 눈과 얼음으로 덮인 힘든 길을 함께 헤쳐 나갔다. 물이 부족할 때는 자신들의 수통을 선뜻 내어 주었고 뒤처질 때는 지켜보며 기다려 주었다. 그들은 물속의 구명조끼나 놀이기구의 안전 바 같은 든든한 사람들이었다. 일레인과 패트릭, 피터는 한 겨울에 난로와 같이 따뜻한 친구들이었다. 나에 대한 관심과 배려, 아낌없이 주었던 따뜻한 커피와 진한 초콜릿. 그들은 추운 쿵스레덴을 버틸 수 있도록 내 안의 온기가 되었다.

아나키와 가비, 마커스는 길 위의 스승들이었다. 그들의 조언과 가르침 덕분에 쿵스레덴의 역사와 전통, 자연의 아름다움을 좀 더 깊이 이해하고 누릴 수 있었다. 주연이 누나와 경식이 형은 즐거움을 나누고 함께 웃을 수 있는 사람들이었다. 쿵스레덴에서 한국어로 대화를 나눌 수 있다는 사실만으로도 웃음은 끊이지 않았다. 친남매나 친형제처럼 그들과 마음놓고 웃을 수 있었다.

특별한 인연이 되었던 그들에게 나는 헤어질 때 종이를 찢어 그 위에 그들의 이름을 한글로 쓰고, '당신은 나의 00번째 행운입니다'라고 고마움의 표시로 글을 남겨 주었다. 이렇게 하면 한국어가 생소한 그들에게 한국어로 쓰인 자신의 이름을 특별하게 여길 거라고 생각했기 때문이다. 아니나 다를까. 낯선 한국어로 새겨진 자신의 이름을 그들은 신기하게 여겼고 무척이나 좋아했다. 가장 마지막에 쓴 한글은 무슨 뜻이냐고 다들 물어 보았지만 종주하고 나서 알려주기로 약속했다.

한국으로 귀국해서 함께 찍은 사진과 더불어 약속한 대로 쪽지에 적어 준 한국말의 의미를 알려 주었다. 그리고 그들이 보고 느꼈던 쿵스레덴과 나에 대한 생각을 정리해 주길 요청했다. 10명이나 되는 친구들이 답변을 해 주었고 연락이 닿지 못한 1명의 이야기는 내가 보고 느낀 대로 정리했다. 그들의 이야기를 통해 쿵스레덴이 더욱 친근하고 풍성하게 당신에게 다가가기를 바라고 만약 당신이 쿵스레덴을 걷게 된다면 '인연'과 '행운'이라는 뜻밖의 선물을 받게 되리라 믿는다.

안전장치와 같은 동료

.1

이름_ 마틴 카이시스Martin Kreissig

국적_ 독일

만남의 장소_ 아비스코

제 소개를 하자면 전 세계를 보고 싶어 하는 호기심이 가득하고 마음이 열려 있는 사람입니다. 쿵스레덴에 가기 얼마 전에 박사 과정을 끝마쳤고 앞으로 어떤 삶을 살아가야 할지 고민하기 위해 쿵스레덴을 가게 됐어요.

처음 그를 봤을 때 지구의 반대편에서 쿵스레덴을 걷기 위해 왔다는 사실에 크게 놀랐어요. 그는 저처럼 열려 있었고 제게 관심을 보였어요. 하지만 눈으로 뒤덮인 길을 언제, 어떻게 시작해야 할지 조금 고민하는 것 같았어요. 우리는 설산을 넘어가기 위한 동기와 안전함에 대한 보장이 필요했기 때문에 서로가 필요했고 함께 걷기로 결정했어요. 덕분에 무사히 원하던 다음 목적지에 도착할 수 있었어요.

앞으로
그가 삶의 목표를 찾고
그 목표에
도달하기를 바라요.

그리고 행운이 가득하기를.

쿵스레덴 에서 만난 동료들이 보내온 편지

2

이름: 세르게이 리차드Serge Richard

국적: 캐나다

만남의 장소: 아비스코야우레

캐나다 사람이고 일하러 스웨덴에 온 지는 5년 정도 되었습니다. 저는 항상 다채로운 유럽 문화에 흥미를 느꼈기 때문에 스웨덴에 오게 된 것은 정말 좋은 기회였어요. 또한 자연과 하이킹을 좋아하기 때문에 스위스, 이탈리아, 독일, 아이슬란드, 노르웨이 등에서 하이킹을 할 수 있는 기회가 많았어요. 물론 현재 제가 가장 좋아하는 나라는 스웨덴이에요.

쿵스레덴에 가는 것은 버킷 리스트 중에 하나였어요. 하지만 그동안 장비를 전부 다 갖추지 못했고 올해 초가 되어서야 몇 가지 부족했던 장비들을 모두 준비할 수 있었어요. 준비가 다 되자 이번엔 제일에 맞춰서 갈 수 있는 날짜를 찾는 게 문제가 되었죠. 다행히도 6월에 갈 수 있는 시간이 되어서 한 주간 다녀왔어요.

여름 시즌 초반에는 눈이 여전히 남아 있을 수도 있다고 해서 어느 정도의 눈은 예상은 하고 있었어요. 하지만 사람들을 만나면서 그렇게 즐거운 백패킹 여행을 하고 햇살을 마음껏 즐길 수 있을 거라고는 생각하지 못했어요. 하이킹 하는 사람들이나 한 번에 몇 주씩 여행가는 사람들은 공통점이 많아요. 서로 닮기도 했고 서로에게 도움도 많이 돼요. 그래서 그를 만났을 때 마치 몇 년 동안 못 봤던 오래된 친구를 만난 것 같았어요. 트레일에서는 짧은 순간에 친구를 만들 수 있고 그와 만났을 때도 그의 이야기를 들으며 좋은 시간을 보냈어요. 비록 그때는 앞으로 닥쳐올 험난한 시간을 상상하지 못했지만요.

혼자서 하이킹을 할 때 즐거운 일 중 하나는 자연스럽게 인사하고 대화를 시작하며 사람들과 만날 수 있다는 거예요. 아비스코에서 출발할 때 트레일의 상태가 안 좋다고 들었기 때문에 가야 할지 말아야 할지에 대해 함께 논의하고 해결할 사람이 필요했어요. 마운틴 스테이션의 주인장은 출발하기 전에 다른 사람들과 상황을 확인해보라고 했고 마틴과 그는 다음날 어떻게 해나가야 할지 결정하는 데 큰 도움이 되었어요. 그래서 이미 상황을 잘 파악하고 있는 그에게 저의 도움이 필요할 거라고 생각하지 않았어요. 하지만 우리는 모두 같은 상황에 놓여 있었고 우리 자신을 너무 큰 위험에 빠뜨리지 않을 정도로 예측하고 계산하면서 조금씩 걸어 나가는 게 최선이라고 생각했어요.

아마 그들을 못 만났다면 어느 중간 지점에서 포기하고 다시 돌아왔을 거예요. 그는 제게 아주 큰 도움이 되었어요. 정말 고마웠어요.

트레킹을 시작하기 전에 케브네카이세 정상을 올라가는 가이드 투어를 예약했어요. 그래서 하이킹 하는 내내 머리 한 켠에 제 날짜에 케브네카이세 스테이션에 가야 한다는 강박관념을 가지고 있었어요. 눈 때문에 걷기 힘든 악조건이었음에도 여전히 그 일정을 맞추려고 했죠. 케브네카이세에 올라가기 전날 저는 여전히 셀카에 있었어요.

저녁 브리핑을 듣기 위해서 그날 저녁 8시까지는 케브네카이세 오두막에 도착해야 했어요. 아침 일찍 출발해서 싱이 오두막까지 13km를 걷고 나서 마틴과 헤어졌어요. 저는 케브네카이세 오두막을 향해 길을 틀어서 14km를 더 걸었어요. 제시간에 도착하기 위해 상당히 무리해서 걸었지만, 그럼에도 불구하고 다른 하이커들과 만나면 서서 대화를 나누며 정보를 공유했어요. 그리고 어떻게든 7시 45분까지 미팅 룸에 도착해서 브리핑을 놓치지 않았어요.

브리핑 룸에 다른 두 사람과 함께 앉자 우리에게 필요한 장비들을 나눠주기 시작했어요. 스노슈즈, 삽, 실종자 위치확인기기Avalanche Transceiver, 설문조사 용지 등등. 며칠동안 힘든 여정을 지나왔기 때문에 일단 자고 다음날 아침에 결정해야겠다고 생각했어요.

다음날, 일어나서 모든 장비를 들고 가이드에게 돌려주었어요. 그동안 눈을 뚫고 걸어오느라 체력이 완전 소진되어서 기술적으로는 산을 오를 수 있을지 몰라도 육체적으로나 정신적으로는 도저히 할 수 없는 상황이었거든요. 산에 꼭 올라가야 되는 이유가 있었던 것도 아니었고, "안돼, 오늘만큼은 절대 안돼"라고 말하는 게 최고의 선택인 것 같았어요.

3

이름_ 디아나 놀드란데르Diana Nordlander

국적_ 스웨덴

만남의 장소_ 테우사야우레

저는 스웨넨 중부 지방에 살고 있습니다. 쿵스레덴을 가게 된 계기는 '어떻게 하면 여름을 기가 막히게 보낼 수 있을까?' 하는 고민에서 비롯됐어요. 그와 함께 그곳을 잠시 걷는 동안 참 즐거웠고 종주하려는 그의 이야기를 듣는 것도 재미있었어요. 저는 남부 쿵스레덴을 몇 년 전에 걸어 봤기에 잘 알고 있어요.

스웨덴에서는 남부 쿵스레덴을 쿵스레덴으로 인정해야 할지에 대해서 논란이 있거든요. 몇몇 사람들은 거기를 쿵스레덴이라고 생각하지 않지만 제 생각은 달라요. 양쪽 다 정말 좋았거든요. 제 생각에는 경제적 이익 문제 때문에 북부 쿵스레덴의 사람들이 북부만 유일한 오리지널 쿵스레덴이라고 주장하는 것 같아요. 그는 분명 스웨덴의 가장 최고인 부분을 보고 갔어요. 뉴페달Njupedal이라는 큰 폭포도 봤는지 모르겠네요. 그 폭포는 정말 아름답거든요.

제가 보낸 여름은 정말 힘들고 자극적이었지만 소원을 이루었어요. 그뢰벨펀까지 총 1,428km를 지나왔거든요. 1,060km는 걸었고 그 이후는 자전거를 타고 마무리했어요. 자전거를 타고 이동한 이유는 스웨덴 남부에서 친구의 결혼식이 있어서 서둘러 가야 했기 때문이에요. 6월 9일에 킬피시애르비Kilpisjärvi에서 출발해서 8월 6일에 그뢰벨펀에 도착하기까지 57일이 걸렸어요.

쿵스레덴 에서 만난 동료들이 보내온 편지

난로와 같은 동료

1

이름_ 일레인 맥그릴Elaine McGreal

국적_ 아일랜드

만남의 장소_ 니칼루오크타 가는 길

저는 아일랜드에서 살고 있습니다. 남자친구인 패트릭이 휴가 여행지로 쿵스레덴을 제안했어요. 전에 같이《휴가를 위한 야외 체험활동》이라는 책을 읽은 적이 있었는데 거기에서 쿵스레덴을 추천했거든요.

쿵스레덴에 가서 그를 처음 만났을 때 패트릭과 저는 강을 건널 방법을 찾으려고 애쓰던 중이었어요. 그래서 그를 봤을 때 정말 반가웠지요. 제가 기억하기로 그는 결단력 있는 사람이었어요. 강물이 출렁이면서 빠르게 흐르고 있었는데 그는 전혀 당황하지 않았거든요. 그냥 건너갈 방법을 찾으려고 위아래로 왔다 갔다 하더니 시야에서 사라졌어요. 패트릭과 저는 제자리에 앉아서 그가 건너갈 곳을 찾지 못하고 돌아올 거라고 생각했어요. 그런데 패트릭이 "그가 건넜어!"라고 소리쳤고 반대편에서 그가 입은 밝은 색 레인 재킷이 눈에 들어왔어요. 그는 강을 건너고 나서 어쩔 줄 몰라 하는 것처럼 보였어요. 나무를 타고 점프해서 반대편으로 넘어갔다고 했거든요.

이건 비밀인데 그가 넘어가고 나서 그 미친 짓을 따라 하지 말라고 패트릭이 말했을 때 정말 기뻤어요. 패트릭이 그가 한 것과 똑같은 짓을 저한테 하자고 제안할까 봐 걱정했거든요. 정말 따라 오지 말라고 말해줘서 그에게 고마워요. 그래서 그의 첫인상은 한마디로 결단력 있고 미친 인간!

우리는 강에서 그와 헤어진 후에 어떻게 지냈을지 궁금했어요. 그래서 강을 건넌 다음날 그를 다시 보게 됐을 때 정말 반가웠어요. 그날 밤 같이 저녁을 먹으면서 그의 이야기를 듣고 같이 웃을 수 있어서 즐거웠어요. 우리는 니칼루오크타에서 케브네카이세 구간을 같은 날 걷게 되었고 걷는 중간 중간 자주 마주쳤어요. 마침내 케브네카이세에 도착했을 때 우리는 또 다시 함께 어울리면서 시간을 보냈어요.

아일랜드에서 친구들이 스웨덴을 여행했을 때 있었던 일들을 이야기해 달라고 하면 그와 함께 한 추억을 많이 풀어놓아요. 나무에 기어 올라가서 강을 건넌 다음, 그 다음 강에서는 턱 끝까지 물이 차오른 채로 건넌 친구가 있었다고. 이후에는 그와 같은 사람들을 만나고 또 다른 스릴 있는 이야기를 들으면서 휴가를 즐겁게 보냈어요. 그가 하고 있는 일들이 잘 되길 바라고 언젠가 또 우리의 길이 만남으로 이어지게 될 것이라고 믿어요.

쿵스레덴에서 만난 동료들이 보내온 편지

2

이름_ 패트릭 크리븐Patrick Creavin

국적_ 아일랜드

만남의 장소_ 니칼루오크타 가는 길

저는 아일랜드인이고 마흔 살입니다. 색다른 모험에 관한 책을 읽다가 쿵스레덴에 대해서 알게 되었어요. 오래 전부터 백야를 보고 싶었는데 유럽의 마지막 야생이라고 불리는 쿵스레덴에서 바로 그 백야를 볼 수 있다고 하더군요. 제 여자 친구는 주중에 해야 할 일을 하고 오느라 저보다 며칠 뒤에 쿵스레덴에 도착했고, 트레킹을 함께 한 후에 여자 친구는 집으로 돌아갔고 저는 노르웨이 해안을 따라 자전거를 타고 캠핑을 하며 더 내려갔어요.

일레인과 저는 쿵스레덴에서 걷다가 도저히 건널 수 없는 빠르고 강한 물살을 만났어요. 밤이 오기 전에 그곳에 도착했지만, 건너기를 보류하고 하루를 기다려 보기로 결정했죠. 하지만 쏟아지는 비와 녹아 흐르는 눈 때문에 더욱 불어나는 계곡물을 보면서 어떻게 해야 할지 고민하고 있었어요. 그때 그를 만나게 되었고 곤란한 상황에 대해서 설명했어요.

우리는 그에게 강을 건널 수 있는 방법을 찾게 되면 알려달라고 부탁했어요. 그는 강 상류로 올라가더니 20~30분 후에 강 반대편에서 나타났어요. 그에게 어떻게 건넜는지 물어보니 나무를 타고 점프해서 갔다고 했어요. 그리고 밟았던 나무는 부러져서 물에 휩쓸려 떠내려갔다고 하더군요. 미친 짓이죠. 그는 자기와 같은 짓은 하지 말라고 충고했어요. 우리가 그의 충고를 받아들이는 데는 잠깐의 시간도 걸리지 않았어요.

이후에 네덜란드에서 온 커플을 만났고 다음 날까지 강을 건너지 못하고 기다렸어요. 그 다음 날 아침 우리는 하류 쪽에서 건널 수 있는 장소를 발견했어요. 강을 건너고 나서 몇 km 더 걷자 또 강이 나왔어요. 그 물의 깊이는 최소 1.5m를 넘겼어요.

어쩔 수 없이 긴급전화를 했고 그 쪽에서는 일반 전화는 신호가 닿지 않으니 긴급전화로 택시 보트를 요청하라고 했어요. 택시 보트를 타고 오두막에 도착했는데 부엌에서 그를 보게 됐어요. 그는 자기가 턱 끝까지 물이 차서 건넌 그 강을 우리가 어떻게 건넜냐며 놀라워했어요.

그는 미친, 완전 미친 인간이에요.
하지만 미친 사람들은 함께하면 재미있어요.
그가 바로 딱 그런 타입이었고 정말 좋은 친구였어요.
우린 함께 술도 마시고 한동안 같이 걷기도 했어요.

마지막으로
그의 남은 여행이 즐겁고 계속 인연을 이어가길 바라요.

3

이름_ 피터 루Peter Lieu

국적_ 스웨덴

만남의 장소_ 니칼루오크타 샤워실

연락이 닿지 못한 친구, 피터와 처음 만난 곳은 니칼루오크타 샤워실이었다. 그는 동양인처럼 보였고 반가움에 서슴지 않고 말을 건넸다. 너무 친근하게 말을 거는 바람에 그는 조금 당황했지만 이내 자연스럽게 대화를 나눌 수 있었다. 알고 보니 그는 혼혈인 스웨덴 인이었다. 케브네카이세 산에 오르기 위해 이곳에 왔고 며칠 전에 여자 친구와 함께 정상까지 다녀왔다고 했다. 체구는 크지 않았지만 까무잡잡한 얼굴에 몸 전체가 근육으로 단단하게 잡힌 친구였다.

스웨덴 군 출신이었던 피터는 케브네카이세를 생각보다 쉽고 빠르게 등반했다. 체력도 좋았지만 날씨 운도 많이 따랐던 것 같다. 그는 쿵스레덴을 종주 중이라는 내 이야기를 듣고 관심을 보이더니 함께 저녁을 먹자고 제안했다. 계곡물에 빠졌다 살아난 다음 날이었기 때문에 할 이야기는 산더미처럼 많았다. 흥미로워 하면서도 주의 깊게 이야기를 듣더니 그는 내게 너무 무리했다며 트레킹에 필요한 조언들을 해주었다. 물이 무릎 이상까지 올라오면 돌아가야 한다거나 남이 밟지 않은 눈길을 걸을 때는 갑자기 푹 빠질 수도 있으니 조심해야 한다는 것들이었다. 그의 조언들은 날카롭기보다 따뜻하게 느껴졌다.

헤어지는 날 아침, 그는 내게 줄 게 있다며 잠시 기다리라고 했다. 자신의 숙소를 다녀오더니 가지고 있던 에너지 바를 몽땅 털어왔다. 케브네카이세에 가느라 준비했던 비상식량인데 생각보다 필요가 없어서 많이 남았다고 했다. 스웨덴에서 군 복무를 할 때 먹던 것들로 에너지 보충에 큰 도움이 된다는 말과 함께 내게 모두 넘겨준 것이다. 덕분에 진한 초콜릿 맛만큼 그와의 추억도 진하게 남았다.

쿵스레덴 에서 만난 동료들이 보내온 편지

스승과 같은 동료

1

이름_ 아나카리 칼슨Annakari Karlsson

국적_ 스웨덴

만남의 장소_ 카이툼야우레

카이툼야우레 오두막 관리인인 아나카리 칼슨입니다. 올해에 이어 내년 여름에도 관리인으로 일할 수 있게 됐네요. 그를 처음 봤을 때 저는 낚시를 하러 온 다른 두 사람과 계단에 앉아서 이야기를 나누고 있었어요. 그가 도착하고 나서 말을 나누었을 때 테우사야우레에 가기 전에 잠깐 쉬었다 갈 예정이라고 했어요. 이곳까지 오느라 많이 지쳐 보였고 가벼운 음료가 필요할 것 같아서 레모네이드 한 잔을 준비해 주었지요. 그는 그 한 잔의 레모네이드를 굉장히 기쁘고 고맙게 받아서 마셨어요.

당연한 얘기지만 산에서는 서로 도와주는 게 중요해요. 다음에 그가 카이툼야우레에 다시 온다면 며칠 더 묵었다가 갔으면 좋겠어요. 사날코흐카Sanarcohkka라는 1,580m 높이의 산에 오르면 정말 굉장한 경치를 볼 수 있거든요. 그리고 이곳에 있는 멋진 호수에서 샤워를 하거나 삼각주에 모여드는 엘크를 구경하는 것도 체험이 될 거예요.

그는 그 한 잔의 레모네이드를
굉장히 기쁘고 고맙게 받아서 마셨어요.

2

이름_ 가비 도리그Gaby Dorig

국적_ 스위스

만남의 장소_ 예크비크 가는 길, 노 젓는 보트 선착장

정확하게 오늘 쿵스레덴에서 그와 있었던 일을 같이 걷던 사람들에게 이야기 했는데 정말 잘됐네요. 저는 스위스 여성으로 나이는 52세입니다. 미생물학자이고, 샌디라는 29살 딸과 미르코라는 27살 아들이 있습니다. 저희는 독일 국경 가까이에 있는 스위스 동부에 살고 있어요. 콘스탄츠Konstanz 호수 옆에서요. 참고로 지금은 스페인의 발레아렌 섬Balearen Island, 마요르카Mallorca에 있어요. 거기서 130km가 넘는 트라문타나Tramuntana 산을 걷고 있어요.

더운 것을 싫어하기 때문에 쿵스레덴에 갔어요. 유럽의 추운 곳에 가길 원했거든요. 자연과 함께 하루 온 종일 밖에서 시간을 보내는 것을 좋아해요. 혼자 있어도 좋고 누군가와 함께 시간을 보내도 좋아요. 걷기는 제가 가장 좋아하는 스포츠예요. 매우 느리게 여행을 할 수 있고 스위스에서 '걷는 것은 다리로 기도하는 것이다'라고 하거든요. 그래서 걷기를 정말 좋아해요.

처음 그를 봤을 때 그는 저의 천사였어요. 보트를 타고 노를 저어서 호수를 건너야 하는데 혼자 하기에는 너무 두려웠거든요. 그런데 그가 친절히 도와주었어요. '고마워! 영문! 아' 그가 저한테 자신의 이름을 얘기해 주었을 때 완전히 흥분했어요. 그런 멋진 이름은 들어본 적이 없었거든요(영문의 영어 스펠링은 Young Moon이다. 그래서 '젊은 달'이란 뜻으로 받아 들였던 것이다.)

일정이 맞는다면 그를 도와주고 함께 걷기로 결심했어요. 보트의 노를 대신 저어준 은혜를 갚고 싶었거든요. 그리고 그를 처음 본 순간부터 좋아하게 됐으니까요.

그에게 행운이 가득하기를 바라고 큰 포옹도 보내고 싶네요.

쿵스레덴 에서 만난 동료들이 보내온 편지

3

이름_ 마커스 드워플레어Markus Dorfler

국적_ 독일

만남의 장소_ 블로함마렌스 가는 길

저는 스무 살이고 독일 하다마르에서 태어났습니다. 내년부터 오스트리아의 잘츠브루크에서 지리학을 전공할 거예요. 평소 밖에 나가서 자유를 만끽하며 자연 속에 있는 것을 즐기고 스포츠를 광적으로 좋아해요.

제 많은 친구들은 고등학교를 졸업하면 1년간 해외여행을 할지, 오페어(외국 가정에 입주하여 아이 돌보기 등의 집안일을 하고 약간의 보수를 받으며 언어를 배우는 것)를 할지, 일과 여행을 함께 할지 선택을 해요. 저는 처음부터 쿵스레덴에 가려고 했던 것은 아니었어요. 1년간 해외에 나가 있으려고 했었는데, 생각해 보니 저한테 아무 의미가 없을 것 같았어요. 시간이 조금 흐르자, 제가 좋아하는 자연과 하이킹을 접목한 트레킹 아이디어가 번뜩 떠올랐어요.

쿵스레덴에서 그를 보았을 때 정말 반가웠어요. 그 여행에서 처음 만난 사람이었거든요. 정말 신기한 것은 우리는 첫날 만나서 마지막 날에도 함께할 수 있었다는 것이에요. 그의 존재는 길 위에서 혼자가 아니라는 사실을 분명하게 알려 주었기 때문에 첫 만남부터 매우 신이 났어요. 저는 사실 조금 겁을 먹고 두려웠었는데, 이 두려움을 그가 없애 주어서 정말 고마웠어요.

그는 이미 저보다 더 많은 트레킹 경험을 쌓았고 그에게서 노하우를 배우기 위해 함께 걷기로 결심했어요. 또

한 여행 중에 인연은 중요하다고 생각했고 그를 더 많이 알고 싶었어요. 며칠 동안 그를 보면서 함께 걷는 건 좋은 경험이었어요. 그가 없었다면 때 많은 어려움이 있었을 거예요. 어쩌면 포기했을지도 몰라요. 요즘 제 여행에 대해서 누군가에게 말할 때면 항상 그는 신이 제게 주신 축복이라고 얘기해요. 우리가 함께 여행하고 경치를 만끽한 시간들이 정말 좋았거든요.

앞으로
그가 제게 이야기했던 모든 소망들이
이루어지기를 바라요.

가족과 같은 동료

1

이름_ 이주연

국적_ 한국

만남의 장소_ 살토루오크타

자연을 사랑하고 먹고 놀고 여행하는 걸 좋아하는 한량 주부입니다. 부부 백패커라 주말엔 거의 밖에서 살고 있습니다. 저는 최근에 누군가의 아내, 딸, 친구가 아닌 있는 그대로의 저를 마주할 시간이 필요했습니다. 살면서 자기 자신에 대해 깊숙이 알고 있는 사람이 얼마나 될까요? 혼자만의 시간을 통해 나 자신을 알고 싶었고 부끄럽지만 알몸 수영도 하고 싶어서 쿵스레덴에 가게 되었습니다. 아쉽게도 수영은 하지 못했지만요. 왜 꼭 쿵스레덴이어야 했는지는 잘 모르겠어요. 그냥 마음이 시키는 대로 했어요. 북유럽의 자연과 백야를 경험해 볼 수 있다는 장점, 여자 혼자여도 안전한 편인 트레킹이 비행기표를 지르는 데 한 몫했어요.

"헤이Hej!"라는 인사말이 정말 반가웠던 곳이었어요. 몇 시간 동안 사람 그림자 하나 보이지 않다가 어디선가 머리끝이라도 보이면 누가 먼저랄 것도 없이 바로 "헤이!"가 튀어나와요. 그 인사 하나만으로도 행복했어요. 자연을 온몸으로 느낄 수 있음에 감사하게 되고 행운과 행복은 이미 항상 곁에 있었음을 느끼게 해 주는 곳이었어요.

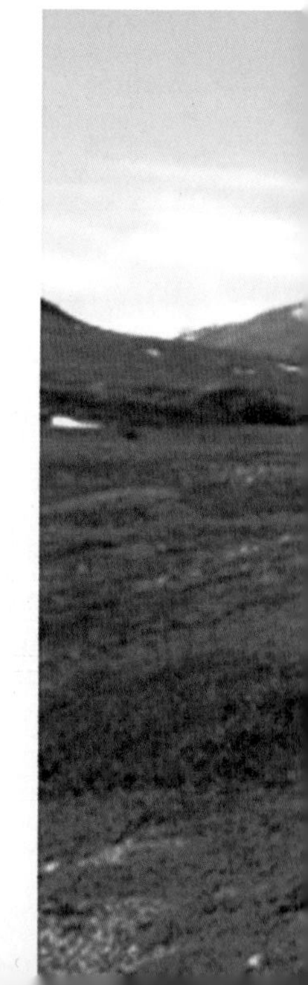

처음 그를 만난 건 오두막 계산대 앞이었어요. "나에게 말을 걸어줘" 하고 반짝이던 그 눈! 시간가는 줄 모르고 대화를 나누게 되었고 남동생같이 편하고 유쾌한 성격에 저도 모르게 뭐라도 챙겨주고 싶더군요. 그의 긴 여정을 응원하게 되는 건 당연했죠!

사람 인연엔 정말 이유가 없는 것 같아요.

이 책을 읽으시는 독자 분들도 배낭은 가볍게, 벅찬 가슴을 가득 채워 떠나보세요. 분명 행복으로 가득 찬 자신과 만나게 될 거예요. 그리고

모든 쿵스레덴을 정복하고 진정한 왕이 되어
돌아온 영문아! 너의 용기와 끈기에 박수를 보낸다.

너만의 이야기를 곧 활자로 만나 보길 바라며.

2

이름_ 김경식

국적_ 한국

만남의 장소_ 크비크요크

운동치료사로 2년 반 동안 일을 하다가 잠깐 쉬고 두 달 동안 노르웨이와 스웨덴 트레킹을 했습니다. 영화《와일드》를 보고 트레킹에 관심을 갖기 시작했거든요. 사람이 없는 곳에서 혼자 걸으면 어떤 생각이 들고 감정을 느끼는지 궁금했어요.

거대한 자연 앞에 있으니 서울에서 가득했던 생각들을 잊을 수 있었어요. 처음 하는 백패킹이었지만 자연과 어울리면서 생활하는 사고방식들을 배울 수 있었고 너무 가까이 있어 소중한지 모르고 지냈던 것을 다시 생각할 수 있었어요. 쿵스레덴은 전기 부자, 물 부자가 될 수 있는 곳이고 제가 먹을 수 있는 것은 세 가지로 정해져 있는데 뭘 먹을지 항상 고민하게 만들었죠.

혼자 걷고 싶어서 시작한 트레킹인데 3일 만에 가족, 친구, 주변사람들이 너무 많이 생각나고 그리워졌어요. 아무리 좋은 것도 같이 즐기고 공유할 수 있는 사람이 있어야 더욱 빛을 발한다는 것을 깨달았어요.

한국도 아니고 더군다나 유명 관광지도 아닌 곳에서 만난 그가 저와 비슷한 상황에 처해 있고 비슷한 고민을 하고 있어서 정말 신기했어요. 그래서 자연스럽게

쿵스레덴을 같이 즐길 수 있었어요. 그를 만나기 전까지는 앞만 보고 걸었는데 같이 걸으니 여유가 생겨서 더 많이 보고, 듣고, 느낄 수 있었어요. 앞으로 평생 쿵스레덴에 대해서 이야기하면 가장 공감할 수 있는 두 사람이 생겼어요.

일을 쉬면서 걷기로 결정하고 나서 가장 많이 들었던 말이 "갔다 와서 무슨 계획이 있느냐"라는 질문이었어요. 생각은 해봤는데 뚜렷한 계획은 없었어요. 걸어 보고 싶어서 선택한 쿵스레덴 트레킹이었고 뭔가 대단한 것을 얻으려고 시작한 것도 아니었거든요. 하지만 용기를 내서 갔다 온 덕분에 특별해진 이유가 생겼어요. 그 전에는 뭘 좋아하고 뭘 하고 싶었는지도 몰랐는데 지금은 뭘 해야 제가 원하는 것을 이루고 앞으로 나아갈수 있는지 방향을 잡았거든요. 이번 트레킹을 통해서 저 스스로를 움직일 수 있게 만들어 주는 것이 무엇인지 알 수 있었어요.

쿵스레덴 트레킹에 필요한 정보

장비편

• 배낭(70L, 2.2kg)

쿵스레덴을 걷는 동안 배낭은 삶에 필요한 모든 물건을 넣어야 할 공간이다. 65L 이상 급을 추천하며 신발과 같이 배낭도 몸에 맞게 메는 것이 중요하다. 그래서 등판 길이를 조절하는 기능이나 허리벨트를 이용하여 배낭을 몸에 밀착시켜야 한다. 배낭 안에 짐을 넣을 때는 가능한 무거운 짐이 위로 그리고 등에 밀착되도록 하는 것이 효과적이다.

나뭇가지에 걸리고 돌 위에 굴러 다녀도 잘 버틸 수 있는 내구성 높은 튼튼한 배낭이 좋다. 그리고 배낭과 몸이 닿는 마찰 부위에 자극이나 트러블을 최소화하고 땀 배출이 용이한 디자인이라면 더욱 좋다. 물건들을 분리해서 넣을 수 있도록 바깥 주머니가 여러 개 있는 게 편리하다.

필자는 60+10L 용량에 2.2kg인 배낭을 메고 갔다. 트로소(등판 길이 조절)나 내구성 등 기본적인 것은 잘 갖추었지만 너무나도 심플한 디자인에 주머니가 양쪽 사이드포켓 밖에 없었다. 덕분에 육포와 지도, 지갑 등이 한 쪽 사이드포켓에 뒤섞여 들어 있는 불편함을 느껴야 했다. 시간이 지날수록 배낭 바깥에는 무언가를 달게 된다. 예를 들면, 전날 밤에 빨래를 했는데 미처 다 마르지 않은 양말이나 속옷, 쉴 때 바닥에 깔아야 할 매트리스, 햇살 가득한 날 꺼내게 될 태양광 충전기 등이다. 그래서 이를 고정할 수 있는 끈이 있으면 좋다.

• 텐트(1.5인용 2kg)

북부 쿵스레덴 中 크비크요크 이후, 남부 쿵스레덴 中 헬라그스 이후 텐트는 필수이다. 오두막이 하루 거리에 있다면 텐트 없이 오두막에서 숙박이 가능하지만 하루 이상의 거리라면 야외에서 비바크(텐트를 사용하지 않고 하룻밤을 지새우는 일) 하기에는 기온이나 안전상 다소 무리이다. 오두막 사이의 거리가 길면 중간에 쉘터가 있지만 규정상 긴급 상황이 아니라면 숙박을 못하게 되어 있다. 크기는 1인용 혹은 1.5인용 텐트를 추천한다. 비 오는 날 자신의 배낭과 등산화를 어떻게 두어야 할지 고려해 본다면 텐트의 종류에 따른 필요 내부 공간이 가늠될 것이다.

비가 자주 오고, 바람이 강하게 불고, 일교차가 심하기 때문에 방풍과 방수, 결로 방지효과가 뛰어난 텐트를 가져가야 한다. 방수나 결로 방지는 정도 차이의 문제이지만 방풍은 바람에 텐트가 무너지느냐 버티느냐의 문제이기 때문에 좀 더 신중할 필요가 있다. 강한 산풍을 이기지 못하고 폴이 휘어져 무너진 텐트를 몇 차례 목격했다. 그래서 바람에 강한 터널형 텐트를 가지고 가는 사람들이 많다.

무게는 2kg에서 크게 벗어나지 않아야 좋을 것이다. 침낭, 버너 등과 같이 배낭 안에 고정적으로 넣어야 할 물건들 중에 텐트의 무게는 큰 비중을 차지한다. 텐트가 2kg이라면 배낭의 무게는 매일 적어도 2kg 이상이다.

필자는 터널형이 아닌 싱글월 형식의 텐트를 가져갔다. 결로에는 취약했지만 텐트의 소재가 바람에는 강했고 터널형이나 더블월보다 설치 및 해체가 신속했다. 무게는 모든 텐트 세트를 포함해서 2kg이었고 무엇보다 가격이 저렴했다.

• 침낭

3계절 용으로 거위 털 침낭을 권장한다. 밤이 되면 장소에 따라서 기온이 영하 이하까지 뚝 떨어질 수 있다. 만일 오두막에서만 숙박을 할 예정이라면 침구 시트커버가 필요하다.

침낭에는 한계온도Extreme, 적정온도Lower Limit, 쾌적온도Comfort가 있는데 한계온도는 표준 여성이 동상으로 인한 상해를 입을지라도 최소한 저체온증으로 인한 사망의 위험 없이 6시간 동안 생존할 수 있는 온도이다. 그야말로 생존을 위한 온도이기 때문에 기준으로 삼으면 큰일 난다. 적정온도는 표준 남성이 웅크린 자세로 8시간 동안 깨지 않고 잘 수 있는 온도이다. 경험상 웅크린 채로 영하의 온도에서 자고 일어나면 그 상태로 몸도 피로도 풀리지 않고 그대로 굳어져 있었다. 쾌적온도는 표준 여성이 편하게 잘 수 있을 거라 기대하는 온도이다. 기준을 삼자면 쾌적온도 혹은 적어도 적정온도와 쾌적온도 사이로 기준을 잡고 준비하는 것이 현명할 것이다.

무게는 1kg 이하를 추천하고 침낭 역시 텐트와 같이 고정 무게이다. 고정 무게는 최대한 줄이는 게 행복을 보장한다. 필자가 가져간 침낭은 0.95kg 무게에 수납크기가 30×15cm이었고 적정온도 -3도에 쾌적온도는 2도였다. 쿵스레덴을 걸었던 해에 이상기후 현상으로 겨울이 늦게까지 이어지고 눈이 녹지 않아서 무릎까지 올라오는 눈밭을 걸어야 할 정도로 날씨가 추웠다. 밤이 되면 기온은 마이너스까지 뚝 떨어졌고 패딩을 입고도 침낭 속에서 추위 때문에 웅크리고 자야 하는 고통을 65일간 맛보았다.

지난해에는 오히려 겨울이 빨리 지나가는 바람에 스키를 타러 갔다가 걷게 됐다고 하는 사람도 있었으니 전반적인 날씨를 확인하고 준비하는 게 좋다.

• 등산 스틱

등산 스틱은 두 발에 치중되는 무게의 약 30%를 분산시켜 준다. 두 발의 부담이 덜하니 더 멀리 걸을 수 있다. 필자에게는 물속에 빠져 잃어버릴 뻔한 목숨을 구해준 은인이다. 등산 스틱은 2, 3, 4단이 있는데, 보통은 3단을 사용한다. 재질은 여러 가지가 있는데 듀랄루민이 가볍고, 강도도 우수하고, 가격도 저렴한 편이다. 스틱을 잡을 때 선 자세에서 팔꿈치가 직각이 되도록 만드는 게 기본이기 때문에 이를 고려해서 길이를 구분하면 될 것 같다.

필자는 평범한 3단 듀랄루민 스틱을 사용했다. 스틱은 보행 중에 사용되는 보조 도구이지만 그 외에도 쓸모가 매우 많다. 강이나 계곡을 건너기 전에 물이 얼마나 깊은지 확인할 수 있고, 눈 위를 걸을 때에 아래에 호수나 얼음물이 있는지 확인도 가능하다. 또한 필자처럼 물속에 빠졌을 때 빠져 나오거나 균형을 잡는 데 도움이 되고 젖은 옷이나 양말을 말리기 위해 끈을 잇는 지지대로 이용할 수도 있다.

절대 잊지 말아야 하는 것은 바스켓스노링인데, 이것은 스틱 끝에 동그란 원을 그리며 달려 있는 것으로, 나뭇잎이나 이물질이 스틱 위로 올라오는 것을 막아주고 특히 눈 위에 찍으면 어느 이상 스틱이 깊이 빠지지 않게끔 무게 분산을 해주기도 한다. 굳이 짐만 될 것 같아서 기져가지 않았는데 스틱이 눈 속에 푹푹 빠지는 내내 이 녀석을 애타게 찾았다.

• 등산화

트레킹 중에 발이 무사하다면 걷지 못할 이유가 없다. 신발은 아낌없이 투자해야 할 대상이다. 신발 종류에는 트레킹화, 경등산화, 중등산화 등이 있다. 그 중에서 중등산화를 추천한다. 쿵스레덴의 길은 보통의 트레킹 코스보다 거칠고 돌이 많다. 발이 격렬한 트위스트 춤을 추게 될 것이다. 적어도 발목 이상 올라오는 신발을 신어야 무사히 발목을 지킬 수 있다.

소재는 고어텍스, 악천후에 이 이상 가는 소재는 역시 없다. 필자는 고어텍스 소재의 중등산화를 신고 갔다. 신발 자체에 아쉬운 점은 없었으나 간혹 지나가는 사람 중에 무릎까지 올라오는 장화에 바닥은 등산화처럼 개조한 신발이 있었는데 조금 부러웠다. 그들은 얕은 계곡이나 웅덩이를 주저 없이 건너갔고 양말이 젖을 걱정은 전혀 없어 보였다. 장거리 트레킹을 하기에는 무리였지만 비 오는 날에 트레킹 하기에는 최적의 신발이었다.

• 옷

긴 바지 2벌, 긴 셔츠 3벌, 방풍 재킷 1벌, 다운재킷 1벌, 두꺼운 양말 3벌, 얇은 양말 3벌, 속옷 3벌, 판초우의 1개, 모자 1개, 장갑 1개.

여름 시즌인 6월에서 9월 사이에 쿵스레덴을 가도 긴 팔과 긴 바지를 가져가는 게 좋다. 걷다 보면 덥기는 하지만 비가 자주 오는 날씨와 강한 바람, 나무가 많은 수풀 지대 등 긴 옷이 필요한 경우가 대부분이다. 땀을 잘 배출하는 기능성 옷들을 챙겨가기 바란다. 산을 넘고 계곡을 지나서 숲 속을 걸어야 하는 쿵스레덴에서는 봄부터 겨울의 날씨를 전부 느낄 수 있다. 밤이 되면 영하까지 기온이 떨어지기 때문에 이에 대한 대비도 해 놓아야 한다.

양말의 경우는 등산용 양말뿐만 아니라 땀 배출을 도와주는 기능성 발가락 양말을 안에 같이 신어주면 물집 예방에 큰 도움이 된다. 필자는 처음 트레킹을 해보지만 이러한 정보를 미리 습득할 수 있어서 트레킹 내내 큰 물집은 단 한 번도 잡히지 않았다. 65일 동안 단 한 번도 말이다. 속옷처럼 신는 기능성 발가락 양말은 적극 추천한다.

• 세면용품

올인원 클렌저 1개, 비누 1개, 자외선 차단크림 1개, 수건 大 1개, 수건 小 1개, 치약 1개, 칫솔 1개, 올인원 크림 1개.

쿵스레덴에 있는 가게를 가보면 올인원의 끈적한 액체 비누를 판매한다. 한국에서 뭣 모르고 비누와 샴푸, 클렌징, 종이형 빨래 비누 등 종류별로 가져갔는데 실제로 올인원 비누 하나면 충분하다. 이 비누로 씻고, 빨래도 하고, 식기 세척도 할 수 있다. 항상 부족한 게 공간인지라 필자처럼 종류별로 가져가는 건 미련한 방법인 것 같다.

수건은 기본 수건 외에 크기가 작더라도 한 장이 더 필요하다. 습한 날이 연속될 수 있기 때문에 한 장만 있다면 축축하게 젖은 수건으로 젖은 몸을 닦는 안타까운 행동을 하게 될 수 있다.

• 구급약

감기약, 밴드, 지사제, 소염제호랑이약, 알약, 파스, 종합비타민, 상처 치료 연고, 붕대.

두 달 가까이 걷는 일정 중에 비상 약품은 무게와 상관없이 철저히 준비해야 한다. 그리고 다행히 비상 약은 무게도 부피도 적게 차지한다. 의외로 꼭 챙겨갔으면 하는 것은 경구용 진통소염제였다. 필자는 바르는 소염제면 충분할 거라 생각하고 호랑이약과 파스만 가져갔는데 아킬레스건 염에 걸렸을 때 바르는 소염제는 효과가 미비했다. 나을 때까지 무려 5일을 기다려야 했고 이후 큰 마트에서 경구용 진통소염제를 살 수 있었다.

종합비타민도 하나 챙겨가길 바란다. 대부분의 끼니가 밥과 반찬 하나, 혹은 빵과 치즈 한 개가 될 것이다. 중간에 초콜릿이나 견과류, 육포 등을 섭취할지라도 영양분이 균형 잡힌 식사를 하기는 어렵다. 비상약이라기보다 식사라고 생각해도 좋을 것 같다.

• 기타 필요한 물품

매트리스, 헤드랜턴or 손전등, 스토브, 모기기피제, 방충 헤드 넷, 라이터, 실·바늘, 나침반, 포크수저, 휴지, 호루라기, 칼, 물통, 라이프스트로우, 태양광 충전기, 보조배터리, 손목시계, 선글라스, 크록스 신발.

매트리스는 쉴 때 펼쳐서 앉거나 누워서 잠시 휴식을 취할 수 있고 잠을 잘 때는 텐트 안에 깔아서 땅에서 올라오는 냉기를 막을 수 있다. 6월에서 7월 사이에 간다면 쿵스레덴은 백야가 한창일 것이다. 6월 18일에부터 북부 쿵스레덴을 37일 동안 걸으면서 밤에 거의 해가 지지 않았다. 그래서 랜턴을 쓸 일이 없었다. 하지만 남부 쿵스레덴을 걸을 때부터는 밤에 어두워지기 시작했고 거의 목적지가 가까워졌을 때는 별을 볼 수 있을 정도로 깜깜해졌다.

방충 헤드 넷은 반드시 하나 지니고 있어야 한다. 과장하자면 지쳐서 죽기보다 피를 빨려서 죽을 가능성이 높다. 모기퇴치를 위한 모든 수단을 동원하는 게 좋다. 모기와 벌레들의 공격에 제대로 대처하지 못한다면 자신의 내면보다 모기를 자세히 보고 올 것이다.

물은 고인 물이 아닌 흐르는 물이라면 괜찮다고 한다. 하지만 막상 가서 보면 과연 이 물을 마실 수 있을지 애매모호한 경우가 많다. 특히 숲 속으로 들어가면 돌 틈 사이, 혹은 무성한 수풀 사이로 작은 시냇물들이 흐르는데, 자연의 미세한 생명체들과 그들의 배설물을 몸 안에 담을 생각이 아니라면 휴대용 정수기를 가져가기 바란다.

두 달간 전기는 어디서 구해야 할까? 자연에서 찾아야 한다. 그러므로 휴대용 태양광 충전기를 추천한다. 비도 많이 오지만 휴대폰이든 카메라든 충전할 수 있을 정도로 태양도 높이 떠오른다. 더군다나 백야이다. 태양광 충전기 하나만 있으면 전기부자가 될 수 있다. 스마트폰에 쿵스레덴Offline Map 어플을 다운받아 가는 것도 잊지 않길 바란다. GPS와 다운받은 지도를 통해 자신의 위치를 확인할 수 있다.

쿵스레덴 알짜 정보

• 오두막

쿵스레덴에서 판매하는 지도상에는 오두막을 4가지 표시로 구분한다.

마운틴 스테이션: 가장 규모가 큰 숙박시설로 와이파이와 콘센트 사용이 가능하다. 레스토랑과 가게는 물론이고 사우나와 샤워시설도 갖추고 있다. 지도, 식품, 기념품, 아웃도어 용품 등을 가게에서 구입할 수 있다. 북부 쿵스레덴에서는 아비스코, 케브네카이세, 살토루오크타, 크비크요크, 암마르네스, 헤마반 등이 이 규모에 속하고, 남부 쿵스레덴에서는 스토발렌, 블로함마렌스, 쉴라나스, 헬라그스, 그뢰벨펀 등이 마운틴 스테이션급 규모이다.

오두막: 숙박시설을 갖추고 있지만 전기공급은 일체 없다. 가게의 유무, 사우나 시설의 유무는 오두막마다 다르다. 다음 오두막이 어떠한 시설을 갖

추고 있는지 미리 알아두는 게 좋다. 샤워시설은 특별히 마련되어 있지 않다. 샤워 팻말은 깊이가 적당한 주위 호수나 강으로 인도한다. 오두막에는 건조실과 공용부엌이 있고 요리나 사우나를 하기 위해서는 양동이에 물을 퍼 와서 이용해야 한다. 오두막을 이용하게 된다면 불 피우는 법을 꼭 익혀두길 바란다. 나중에 쉘터를 이용하거나 캠핑하게 될 때 큰 도움이 된다.

쉘터: 지붕이 있는 무인 오두막이다. 오두막 사이의 거리가 멀 경우 비상 상황이나 지친 사람들이 쉬어 갈 수 있도록 마련한 공간으로, 침상으로 쓸 수 있는 자리가 2~3개 정도 있고 화목 난로가 달려 있다. 갑자기 소나기가 내리는 날이면 그날 출발한 대부분의 사람들을 쉘터에서 만날 수 있다. 남부 쿵스레덴에서는 오두막만큼이나 깔끔하고 쾌적한 쉘터를 만날 수 있다.

윈드쉘터: 쉘터와 가장 큰 차이점은 위나 옆이 트여 공간이 개방적이기 때문에 숙박하기에는 열악한 장소이다. 갑작스런 소나기나 태풍 등의 위기에 처했을 때 신변 보호를 위해 이용하면 된다. 혹은 끼니를 때울 때 이용해도 좋다.

• 금전

쿵스레덴은 카드와 현금을 모두 지니고 있어야 한다. 마운틴 스테이션은 모두 카드 이용이 가능하지만 오두막은 카드 이용이 되는 곳과 안 되는 곳이 있다. 안 되는 곳이 더 많을 것이다. 그리고 4번 정도는 보트를 타야 하는데 모두 현금으로 지불해야 한다. 그렇기 때문에 충분히 현금을 챙겨가길 바란다. 중간에 현금이 부족해도 쿵스레덴에서 ATM을 찾을 수 없다. 현금을 찾으려면 쿵스레덴을 벗어나 근처 도시로 버스를 타고 다녀와야 한다.

↑ 윈드쉘터의 모습

↑ 쉘터의 모습

Fjällstation, hotell, pensionat
Mountain lodge, hotel, boarding house
Gebirgsstation, Hotel, Pension

Turiststuga, övernattningsstuga
Tourist hut, overnight hut
Wanderhütte, Hütte mit Übernachtung

Raststuga, rastskydd; vindskydd
Hut; wind shelter
Rasthütte, Rastschutz; Windschutz

↑ 마운틴 스테이션, 오두막, 쉘터 / 윈드쉘터

↑ 전세계 90개국 유스호스텔을 사용할 수 있는 국제회원증

오두막 안에서 숙박하지 않더라도 가까운 반경 안에서 텐트를 치면 대부분 비용을 지불해야 한다. 비용은 0~100크로나이고 비용을 지불하면 오두막 안의 공용부엌을 이용할 수 있다.

사우나 시설은 물과 장작을 직접 조달해서 사용할 수 있다. 시간은 여성, 남성, 혼성 타임으로 구분된다. 선진(?) 사우나 문화를 배울 수 있는 기회이다.

• 식사

두 달간 무엇을 먹고살 것인가는 최우선 고려 사항이다. 처음 몇 주 간은 한국에서 가져간 음식만으로 지낼 수 있지만 한 달 이상 걷게 된다면 차라리 현지 조달에 익숙해지는 게 나을 수 있다. 각자의 취향이지만 필자의 경우는 기본 식단을 스프 밥 혹은 라면으로 정했다. 과감하게 반찬을 포기하고 단순하게 스프 하나를 묽게 끓여서 밥과 섞어 먹는 방법이다. 처음 일주일 동안은 한국에서 가져간 즉석 국으로 국밥을 해먹었지만 전부 소모하고 나자 새로운 방법을 찾아야 했다. 그래서 찾은 방법이 스프 밥이다. 가게에는 토마토바질, 버섯, 채소, 치킨, 비프, 포크 등 다양한 맛이 있으니 지루할 일은 없을 것이다. 스테이션 규모에서 파는 소시지 묶음을 하나 사서 한 개씩 넣어먹는 것도 괜찮다.

아침과 저녁은 이렇게 스프 밥과 라면을 먹었지만 점심은 다르게 준비했다. 플랫 브레드Flat Bread 혹은 크리스프 브레드Crisp Bread라는 크래커 같은 딱딱한 빵이 있는데 그 위에 튜브형 치즈 소스를 짜서 발라 먹는 방법이다. 이렇게 빵 위에 튜브치즈나 햄, 채소 등을 얹어 먹는 샌드위치를 스웨덴에서는 막까Macka라고 부른다.

점심은 한참 걷다가 먹어야 하기 때문에 버너를 꺼내서 밥이나 라면을 요리하기가 번거롭고 귀찮다. 처음엔 뭣도 모르고 점심도 라면을 요리해 먹었는데 식기를 씻는 일이며, 정리하고 다시 출발하는 데 시간이 꽤 걸려서 많이 불편했다. 간단히 먹고 쉴 수 있는 방법으로는 막까가 안성맞춤이다. 물론 쿵스레덴을 걷는 많은 사람들이 이 방법으로 점심을 해결한다.

이 외에도 스파게티와 바질 페스토 소스를 들고 다니며 끼니를 해결하는 사람도 있었고 매시 포테이토(으깬 감자)와 잼을 가지고 다니는 사람도 있었다. 의외로 다양한 식품들이 있으니 자신만의 레시피를 만드는 것도 재미있을 것이다. 미트볼 외에 꼭 추천하고 싶은 음식은 바로 실Sill이라고 하는 청어절임이다. 겨자맛, 토마토맛, 양파맛, 허니머스타드 맛 등등 소스에 따라 다양한 맛의 실이 있다. 아비스코 레스토랑에서 처음 봤을 때는 국물이 흥건한 젓갈 같은 모습에 손이 쉽게 가지 않았으나 한 번 맛보고 나서는 그릇마다 올려두게 되었다. 흡사 피클과 같은 역할이지만 오이가 아닌 생선으로 식감은 전혀 다르니 색다른 경험일 것이다.

우리가 흔히 뷔페라고 부르는 식사 방식도 스웨덴과 같은 스칸디나비아 지방에서 유래했다는 설이 유력하다. 바이킹 시대에 한 번 출항하고 나면 긴 시간 배 안에서 절이거나 말린 음식들을 먹다가 돌아왔을 때 음식들을 한데 모아 덜어먹었는데, 이것이 오늘날 뷔페와 같은 스뫼르고스보르드 Smörgåsbord라는 스웨덴 전통 식사 방법으로 발전됐기 때문이다.

• 길

쿵스레덴에는 여름 길과 겨울 길 두 개의 길이 있다. 두 길은 멀리 떨어져 있지 않기 때문에 길을 잃어버린다면 겨울 길 표시를 보고 길을 찾을 수 있다.

여름 길은 보통 돌과 나무 위에 붉은 색 계열 페인트를 칠해 놓았다. 덕분에 웬만해서는 길을 잃어버릴 일은 없다. 다만, 숲 속에서는 방향 감각이 상실되기 쉽고 정신없이 걷다 보면 길 표시를 잃어버리기도 한다. 갈림길이 나온다면 꼭 여름 길 표시를 확인하고 따라가는 게 좋다.

겨울 길은 빨간 엑스 표시가 철봉 위에 달려 있다. 겨울에 눈이 내리면 엑스 표시가 있는 지점까지 눈이 쌓인다고 한다. 여름에 보는 겨울 길은 덤불숲이거나 호수 위를 지나갈 수도 있다. 그러니 참고로 삼아서 여름 길을 찾지 못할 때 겨울 길 근처를 찾아보면 된다.

오두막마다 공용부엌에는 남은 음식 재료를 놓고 가는 선반이나 칸이 있다. 쌀, 라면, 스파게티, 스프, 초콜릿, 육포 등등 각종 보물 같은 재료들을 습득할 수 있기 때문에 먹을 게 부족하다면 확인해 보길 바란다.

여행 후 스웨덴 식문화에 대해서 질문한 사람들이 많았다. 기본적으로 감자나 콩, 채소를 준비하고 고기나 생선 특히 청어와 함께 먹는다. 대표적으로 알려진 음식은 미트볼이다. 고기를 동그랗게 뭉쳐 만든 이 음식은 스웨덴 국민메뉴답게 레스토랑이나 슈퍼마켓 어디서든 쉽게 볼 수 있다. 감자나 고기를 링곤베리 같은 잼에 찍어서 먹는데 딸기잼만큼 달지는 않지만 적당히 가미된 신맛이 의외로 괜찮다.

외국 서적 중에 쿵스레덴 코스와 관련해서 참고할 수 있는 도서로 Claes Grundsten의 《Kungsleden: The Royal Trail Through Arctic Sweden》영문과 Michael Hennemann의 《Schweden: Kungsleden》독일어을 추천한다. 전자는 북부 쿵스레덴 450km에 대한 정보를, 후자는 북부와 남부 쿵스레덴 800km에 대한 정보를 담고 있다.

돌에 붉은 페인트를 칠한 여름 길 표시

붉은 ×표 장대로 표시한 겨울 길

왜 왕의 길이라 부르는가?

쿵스레덴을 관리하는 STF에 직접 문의해서 얻은 내용을 소개하자면, 1900년 스웨덴 관광 협회(Swedish Tourist Association, STF)는 쿵스레덴을 만들기 시작했는데, STF 연감에 따르면 STF의 총재인 로우이스 아멘(Louis Améen)과 협회가 지도 위에 토르네 트래스크(Torne Träsk)와 크비크요크(Kvikkjokk) 사이에 선을 긋고 '라플란드 산악지대를 관통하는 로열 로드가 될 것'이라 말했다고 한다.

사미족이란?

스웨덴, 노르웨이, 핀란드, 러시아에 걸쳐 스칸디나비아 반도 북부인 라플란드에 거주하는 민족으로 라프족이라고 불리기도 한다. 이들은 수천 년 동안 그곳에 살아왔으며, 스웨덴 북부에서 유일하게 남은 원주민 부족이다. 본래 유목 생활을 하며 순록사육과 수렵, 어로 등을 생업으로 했으나 지금은 주로 관광업에 종사하고 있다고 한다. 디즈니에서 만든 애니메이션 《겨울왕국》도 노르웨이 사미족을 모티브로 했다.

벼랑끝에서 벼락같은 용기로 떠났다, 그리고 다시

초판 1쇄 찍은날 · 2017년 10월 16일
초판 1쇄 펴낸날 · 2017년 10월 20일

펴낸이 · 김순일
펴낸곳 · 미래문화사
신고번호 · 제2014-000151호
신고일자 · 1976년 10월 19일
주소 · 경기도 고양시 덕양구 삼송로 139번길 7-5, 1F
전화 · 02-715-4507 / 713-6647
팩스 · 02-713-4805
전자우편 · mirae715@hanmail.net
홈페이지 · www.miraepub.co.kr
http://blog.naver.com/miraepub

ISBN 978-89-7299-489-3 03980